PALAIS ROYAL

国王的餐桌

弗雷德里克·芒弗兰
［法］ 多米尼克·韦博　著
阿丽娜·康托

张文英 译

Originally published in France as:

PALAIS ROYAL : À LA TABLE DES ROIS by Alina Cantau, Frédéric Manfrin&

Dominique Wibault

Les Rêves d'un Gourmand.

Pièce Latérale

目录

序言

居伊 · 马尔丹

饮食是法兰西历代王朝一直关注的大事，17 和 18 世纪诞生了很多厨事规则。尤其是路易十四（Louis XIV）时代，国王本人对饮食以及围绕饮食的一整套仪典表现出浓厚的兴趣。于是，人们开始重视食物、整洁的厨房以及地方产品和特产。皇宫——现今大维福餐馆[1]所在地，成为大众模仿贵族饮食习惯和向文明转变的风向标。置身于历史街区的大维福餐馆本身就是一座列入国家保护名录的建筑，它不仅是一座历史建筑，还继承了巴黎餐馆最优良的传统，早在 19 世纪让 · 维福（Jean Véfour）时代就已如此，第二次世界大战之后更加发扬光大。这全仗大维福的主厨雷蒙 · 奥利维耶（Raymond Olivier），在他主持之下，餐馆在战后获得广泛赞誉。1960 年代，餐馆里上流社会汇集如云，衣香鬓影，一如往昔。明星、政客约在这里会面：玛丽亚 · 卡拉斯[2]（Maria Callas）、亚里士多德 · 奥纳西斯[3]（Aristote Onassis）、罗伯特 · 肯尼迪（Robert Kennedy）、让 · 科克托[4]（Jean Cocteau）、科莱特[5]（Colette）……拿破仑（Napoléon）曾在大维福餐馆向约瑟芬（Joséphine）求婚，弗拉戈纳尔[6]（Fragonard）、维

1　大维福餐馆（Le Grand Véfour），位于巴黎皇宫花园的博若莱长廊，1784 年开始营业时是个咖啡馆，1820 年让 · 维福（Jean Véfour）入主，改为餐馆。从此这里成为整个巴黎最奢华的美食场所，整个 19 世纪，政界和艺术界风云人物出没于此。曾获米其林三星。——译注（本书注文均为译者注，标注＊者除外）

2　玛丽亚 · 卡拉斯（1923—1977），著名美籍希腊女高音歌唱家，1950 年代是她歌剧生涯的巅峰。

3　亚里士多德 · 奥纳西斯（1906—1975），希腊船王，与卡拉斯有过情感交往。

4　让 · 科克托（1889—1963），法国作家、导演，超现实主义和先锋艺术家。

5　科莱特（1873—1954），美好年代的传奇人物和非议人物，法国国宝级女作家。

6　弗拉戈纳尔（Jean-Honoré Fragonard，1732—1806），法国洛可可风格画家，擅长表现王朝贵族、贵妇的轻浮奢侈、嗜好玩乐的生活趣味。

《亲王路易—弗朗索瓦 · 德 · 孔蒂的晚餐》（局部，1766 年）
米歇尔—巴特洛密 · 奥利维耶（Michel-Barthélémy Ollivier）

克多·雨果（Victor Hugo）是这里的座上客。奥芬巴赫[7]（Offenbach）时代，舞女和歌女们竟然站在餐桌上轻歌曼舞，美人奥特萝[8]（la Belle Otero）曾高傲地走过餐厅中央。今天则是莎朗·斯通[9]（Sharon Stone）、安尼施·卡普尔[10]（Anish Kapoor）和其他名人受到瞩目。大维福没有在历史中沉沦，虽然餐桌上不再有人倾情一舞，但是那张桌子依旧摆在那里。如果说曾经的场景构成了餐馆魅力的重要部分，那还不够，让饮食具有创造性，让厨房跟上时代，这才是决定性的。

和路易十四一样，我一直推崇法国的、本地的食物，如果可能的话，最好是巴黎附近的：朗布依埃（Rambouillet）和枫丹白露（Fontainebleau）的野味，都兰（Touraine）和弗朗什—孔泰山谷的奶酪，阿尔萨斯（Alsace）、卢瓦尔（Loire）河和罗讷（Rhône）河谷的红酒……然后我会动手做几道菜。但烹饪并不是把食材随意拼凑在一起，“拼凑”的菜肴经常变成大杂烩，一旦发挥得太过，谁都不清楚吃的是什么。比如一只布雷斯（Bresse）鸡[11]，米耶拉尔（Miéral）餐馆的鸡是由专家而不是饲养者来挑选的。1957 年，米耶拉尔的祖父推动布雷斯的家禽使用原产地命名控制，这意味着严格限制的地域、苛刻的技术规范。例如布雷斯鸡的饲养，所有家禽都只能喂食布雷斯本地的饲料，与布雷斯这块土地紧密相连，我

7 奥芬巴赫（Jacques Offenbach，1819—1880），德籍法国作曲家，法国轻歌剧的奠基人和杰出的代表。

8 奥特萝（1868—1965），出生于西班牙，巴黎美好年代的三大交际花之一，以舞蹈闻名。曾同时赢得欧洲五大统治者向她致敬。

9 莎朗·斯通（1958— ），美国影星，1992 年因出演《本能》而一举成名。

10 安尼施·卡普尔（1954— ），当代雕塑艺术家，出生于印度孟买，1970 年代初到伦敦学习艺术，作品通过对印度哲学和宗教的个人思考，再结合西方艺术的形式和观念的表达，获得极大国际声誉。

11 布雷斯鸡，出产于法国东部布雷斯地区的鸡种，以法定产区命名。每只鸡都会有彩色编码和身份验证码。

可以用苏模[12]来料理，期待它呈现出与众不同的赭石色和酸味。

就个人而言，我把一年四季划分为12个节令，会根据季节的变换调整食材。自然熟的克里米亚（Crimée）黑番茄6到8月正当令，7月则是最好吃的时节。我喜欢挑选应季的美味果实，一旦平原上番茄自然熟的季节结束，我就会去山区寻找，毕竟山里的季节与平原有段时差。这种对食物的热忱并不是件新鲜事，17世纪的某些大厨，比如于格塞尔（Uxelles）侯爵的厨师弗朗索瓦·皮埃尔·德·拉瓦莱纳[13]（François Pierre de La Varenne），便已推动料理蔬菜的新方式。炖菜让位于更精细的烹饪，制作菜肴更尊重食材本来的味道，更多的精力用于提升蔬菜自身的鲜香。对食物本味的追求也出现在日本，这种追求自然原味的热情在我的烹饪中是至关重要的，它从纯粹自然的角度打动了我，把我带回在萨瓦（Savoie）度过的童年，带回到山区的文化。日本的园艺师通过石块和沙砾的禅意构建而直抵园艺的本质。这是重要的一课，这种哲学帮助我彻底放弃了传统菜谱。如果我烹饪大菱鲆，这道菜就必须有大菱鲆的味道。总之应该抓住烹饪的本质，去除毫无意义的冗余香味。

菜品还需要悦目、协调和搭配得当。我构思每一道菜，为营造出协调或对比的效果而自己动手摆盘，这样才能获得完整的感受。绘画令我大受启发，动态的韵律、一种物质、一种色彩、作品的完整性或细节都会点燃某种灵感。静观一幅绘画作品可以启发人的创造力。菜谱从来不是在厨

12 苏模，源自阿拉伯语 summāq (سماق) 和叙利亚语 summāq (ܣܘܡܩܐ)-，意为“红色的”，漆树科盐肤木属（Rhus）。其晒干的果实在中东地区被磨成粉做成酸味调味品。是在地中海盆地、土耳其、以色列和科西嘉都能找到的一种调味品。

13 弗朗索瓦·皮埃尔·德·拉瓦莱纳（1618—1678），于格塞尔侯爵的厨师，著有《法国厨艺》（*Cuisinier françois*），其烹饪从大量使用香料转向追求食物的原味，标志着烹饪从中世纪向现代美食的转变。

房而是在我头脑里诞生的，就像把画家绘画时发生的一切照搬到烹饪上，随后不过是在厨房里用技巧来处理。一幅马克·罗斯科[14]的橙色或红色单色画可能会促使我选用番茄，尝试以不同颜色、不同形状来创新一道菜。条条大路通罗马。盐、胡椒，脆的、酸的，总之，材料和结构是绘画和烹饪共享的词汇。观者并不在乎画家的意图，他只需要在观看时获得乐趣，烹饪也是一样。唯一的区别在于，绘画可以表达所有情绪，与之相反，厨艺从来不应该是悲伤的。“烹饪”是给予他人的一份馈赠、一种爱意的表达。

如何定义法国的烹饪？昔日国王们的餐桌如今还留下些什么？首先是几种美食的标志象征。只消想想巴黎人的餐桌，想想“法式”节庆，就会想到蘑菇、鹅肝、牡蛎、松露。这是一种与宫廷文化相关联的、对卓越和精致的探索，此外也有王公贵族赠与我们的最简单的快乐，比如卡特琳娜·德·美第奇[15]（Catherine de Médicis）的洋蓟、亨利四世[16]（Henri IV）的芦笋、路易十四的豌豆、路易十五[17]（Louis XV）的橙子或者拿破仑的马朗戈（Marengo）炖鸡[18]。不单单是历史，地理也参与到“法兰西”盛宴中来。由于地处欧洲中部，法国长期以来就是一个兼收并蓄的国度。无论由南往北还是从东到西，无论是外来的侵略者还是旅行者，他们在穿越法国时，都会留下一道菜、一种味道、一种烹调方式。被佛朗哥驱逐的西班

14 马克·罗斯科（Mark Rothko，1903—1970），美国抽象派画家。出生于俄国，师从马克斯·韦伯。其作品运用大量纯净的色彩表达无形的思想。

15 卡特琳娜·德·美第奇（1519—1589），法国王后，亨利二世的妻子和随后 3 个国王的母亲。她出生于意大利的佛罗伦萨，为法国带来大量意大利时尚的元素。

16 亨利四世（1553—1610），波旁王朝的创建者，1589—1610 年在位。他重建了一个统一而蒸蒸日上的法国，之后的百余年是法国历史上最强大的时期，几乎称霸欧洲大陆。

17 路易十五（1710—1774），路易十四的曾孙，1715—1774 年在位。

18 将鸡肉块轻炒后，加番茄、蘑菇、洋葱、大蒜、橄榄和白葡萄酒炖成。

牙人带来了西班牙什锦饭（paella），被法西斯驱逐的意大利人带来了他们的传统菜肴。法国拥有众多的河海湖泊、山峦峰嶂，所出产的无比丰饶的食材是欧洲其他地区难以企及的。这一自然财富又叠加了深厚的、真正的饮食文化，毫不谦逊地说，这一切使得法国成为美食的国度。

国王进膳

《路易十三与奥地利的安娜的婚礼》(1625年)
见让·皮热·德·拉塞尔(Jean Puget de La Serre)的书

王的餐桌就是个舞台，从朝臣到侍从，每个出席者都要遵从严格的规章行事。礼节和仪式都是展示国王威严的组成部分。对于某些君主来说，吃饭是种乐趣；对另外一些君主而言，吃饭只是必须履行的义务，甚至是浪费时间。从文艺复兴到第二帝国时期，君主们与食物和餐桌乐趣之间建立起了一种特殊关系，但他们从未忘记，在公众场合进餐首先是一个政治姿态，通过精美的餐桌、大量的优质饮食，国王在彰显他的力量和地位。

文艺复兴时期，亨利三世[1]（Henri III）制定了极为严格的仪典，明确规定了每个人的权限以及君主的生活安排，尤其是君主的饮食。这意味着要在宫廷内部建立起“等级和秩序”，特别是要让进餐更为隆重。君主与其他出席者之间开始拉开距离，君主面前甚至专门设立栏杆，以此来突显他的地位。然而，当时的法国人习惯了与国王勾肩搭背，很难接受这个新规矩，他们将其斥为“装腔作势和野蛮习俗”。

尽管有过多次反复，这个规矩一直被路易十四的宫廷严格执行，再加上司膳侍从按照“法式”规则上菜的庄严队列，使进餐达到了仪式感华丽优雅的巅峰。随着时间的迁移，路易十四时期习以为常的在公众场合进餐或者大型宴会日渐稀少，仅在节日或者礼拜日举行。之后的国王们更喜欢挑选谈吐优雅的宾客，举行较为私密的宴会。

大革命废除了君主的奢华排场但保留了很多人“聚餐”的传统，目的是创造国家归属的共同情感。在帝国统治初期，拿破仑一世不太在意餐桌之乐，他在拒绝之前也曾考虑过共同进餐的问题，不过他还是意识到餐桌承担的外交和政治功能，于是要求塔列朗[2]（Talleyrand）和冈巴塞雷斯[3]助他一臂之力：以“法兰西的名义好好招待客人”。路

1 亨利三世（Henri Alexandre，1551—1589），法国瓦卢瓦王朝国王，1574—1589 年在位。

2 塔列朗（1754—1838），法国资产阶级革命时期著名外交家。从 18 世纪末到 19 世纪 30 年代，曾在连续 6 届法国政府中，担任了外交部长、外交大臣，甚至总理大臣的职务。

3 冈巴塞雷斯（Jean-Jacques Régis de Cambacérès，1753—1824），法国律师、政治家，为拿破仑部署政变和确立拿破仑为终身执政官做出过重要贡献。

易十八[4]（Louis XVIII）则完全拒绝在公开场合进餐，他的继承者查理十世[5]（Charles X）尽力恢复一些宫廷生活的荣光，但免去了旧制度的排场以防招来民众的诟病。他恢复了在公开场合进餐，不过只招待很少的人。拿破仑三世[6]（Napoléon III）重新以自身的魅力影响了宫廷生活，恢复了在路易—菲利普[7]（Louis-Philippe）时期停止的公众场合进餐。

在食欲不佳的国王中，亨利三世对餐桌安排的一切要求都非常精细和谨慎，他从没觉得肉菜做得对自己口味。1585 年，他颁布了一道有关王室生活安排的法令，要求“厨师更多关注晚膳，为他烹制的肉食要鲜嫩，要撇去汤里的沫子”。有时用罢晚餐他还会吃些水果、果酱，喝些红酒。

亨利四世长期征战，经常出入军营，无论在饮食还是餐桌礼仪方面都习惯草草了事。他吃得较少而喝得较多，尤为喜欢香槟地区一种不起泡的红酒——艾伊（Ay）镇出产的加印度香料的酒。他嗜好洋葱和大蒜，常就着黄油面包片津津有味地生吃，这两种调味品对他来说就是“战士的肉食”。牡蛎也深得他的喜爱，还有银塔餐厅[8]（la Tour d'Argent）的馅饼和各种猎获的野味，此外还有加斯科涅（Gasgogne）的小甜瓜，他会一直吃到胃疼。

因为忙碌，拿破仑吃饭极快，担任执政官时一刻钟完事，此前当将军时十分钟，登基做皇帝后，他同意在餐桌上待三十分钟。他常吃的就是一块鸡肉，一份羊排，再配上掺水的香贝坦（chambertin）红酒和一杯咖啡。香槟会令他胃口大开，黎塞留式香肠[9]配桂皮苹果，菜豆沙拉和通心粉馅

4 路易十八（1755—1824），法国国王，1814—1824 年在位，法国波旁王朝复辟后的第一个国王，路易十五之孙。

5 查理十世（1757—1836），法国波旁王朝复辟后的第二位国王，路易十五之孙，路易十六和路易十八的弟弟。1824—1830 年在位。

6 拿破仑三世（1808—1873），即路易—拿破仑 · 波拿巴，拿破仑一世之侄。法兰西第二共和国总统（1848—1851）、第二帝国皇帝（1852—1870）。

7 路易—菲利普（1773—1850），法国国王，1830—1848 年在位。

8 银塔餐厅创立于 1582 年，坐落在巴黎的塞纳河畔。

9 黎塞留式香肠，鹅肝、松露和碎肉填塞的肉肠，由黎塞留的厨师埃迪安纳 · 若利（Étienne Joly）所创，因此得名。

饼是他的最爱，此外他还喜欢冰激凌和冰水。在圣赫勒拿岛[10]，他保持了杜伊勒里宫的进餐仪式，晚上先喝汤，汤后一道前菜、两道头盘、一份烤肉、两种甜食以及餐后甜点。

即使路易—菲利普的餐桌美味而丰盛，他仍然是“食量小”的君主之一。午餐是水煮米饭、松糕（一种烫面做的淡味饼）和一杯水。晚餐他会喝上五六道汤，而且喜欢混起来喝，接着是一片肉、一点儿荤杂烩，配上几样蔬菜和一杯西班牙红酒。他极善于将餐盘里的家禽剔骨拆肉，略有失身份却尽显东道主的热忱。虽然毫无炫耀之意，杜伊勒里宫的宴客菜单中会出现松露。往昔的宴客排场消失了，礼仪化繁为简，宾客们想坐哪里就坐哪里。当时厉行节俭，食品支出的费用依据宾客的身份而定。

拿破仑三世不是美食家，为此他解释道：“我跟自己家人吃得很将就。”一旦举行宴会，则排场极大，广受欢迎，餐桌装饰得富丽堂皇，不过菜肴只能说是一般。晚餐时，可能吃到腌酸菜配大块雉鸡，头盘是煎裹面包屑的羊排，蛋黄酸醋汁配牛肉片以及鸡肉面条，芥末汁龙虾和代替烤肉的肉冻，炒四季豆作为甜食，干酪丝焗饺子，最后是一份焦糖布丁配小家常饼。皇家厨房不是美食级别的，更像是市民的厨房，唯有皇帝的酒窖令酒徒们垂涎欲滴。皇家餐桌的巨大变革体现在“俄式上菜顺序”的逐渐复兴上，即按照先后顺序上菜，如今我们则继承了这一点。此前宫廷的大型宴会都是混搭上菜，餐后甜点在餐前就已摆上桌了。

从热爱生活的角度看，波旁家族名列前茅，路易十三[11]（Louis XIII）是美食者中的佼佼者。他少年时就与众不同，曾为德·吉斯（de Guise）公爵夫人做过煎蛋和牛奶汤。后来，他更喜欢做糕点，擅长做杏仁饼、馅饼和果酱。当时大吃大喝盛行，以致国王不得不在 1629 年颁布了一道适用于任何人、任何场合的诏令：每张餐桌不得超过三人，每一轮上菜不得超

10 圣赫勒拿岛（Sainte-Hélène）是南大西洋中的一个火山岛，隶属英国，孤悬海中。1815—1821 年，拿破仑被流放至此直到去世。

11 路易十三（1601—1643），法国波旁王朝第二任国王（1610—1643 年在位）。亨利四世长子，其母为卡特琳娜·德·美第奇。路易十三亲政后，在红衣主教黎塞留的帮助下开始了君主专制统治。

《王室为王储妃举办的宴会》（局部，1681 年）

杰拉尔·若兰（Gérard Jollain）

下页：《路易十三在圣灵骑士宴会上》（1634 年）

亚伯拉罕·博斯（Abraham Bosse）

过一排，且不得超过六种肉食，“违者没收餐桌、餐具、地毯和其他家具”。

他的儿子路易十四有着同样传奇式的胃口，圣西蒙[12]（Saint-Simon）曾写道：“他一辈子都不缺胃口，从来不曾挨饿，也不需要大吃，即使偶尔进餐很晚也是一样。不过一旦喝下第一口汤，他的胃口就来了。他从早到晚的食量都非常惊人，而且天天如此，很难遇到他这样的人。”帕拉蒂娜公主[13]（Palatine）说过：“我曾看见国王喝四盘不同的汤，吃下一整只雉鸡、一只山鹑、一大盘沙拉、两片火腿、蒜汁羊肉和一盘糕点，然后还有水果和煮蛋。”但刚起床时，国王只是简单地喝一道汤或者一碗鼠尾草和婆婆纳煎的汤剂。多亏了园艺师拉坎蒂尼[14]，他才能一年四季都可以吃到喜欢的生菜。同样，令整个宫廷兴奋不已的豌豆却让国王多少有些消化不良。他忠实的御医法贡（Fagon）对豌豆公开宣战，将豌豆从汤和杂烩里彻底驱逐以便保护他的君王。路易十四终生都不得不参加大大小小的宴会，在每次宴会上他都让人表演高雅的芭蕾，以同时满足视觉和味觉的双重享受。

为了从沉重的仪式中解放出来，摄政王[15]和他的侄孙路易十五（Louis XV）推出一种高雅风尚：晚餐在私密的小套房甚至书房里进行。摄政王是第一个设立私人厨房的，他拥有一整套极其精美的银餐具。路易十五后来也模仿他在自己的套房内设立了甜点炉和汤灶。与其说他是“大胃王”，不如说是位美食家。起床后，他只喝一杯牛奶，在晚餐或者夜宵时，喝两道汤，吃两大块牛羊肉，三只烤鸡、烤山鹑、烤雉鸡和烤乳鸽，随后以糖煮苹果或者橙子作为甜食。他是位精致讲究的烹饪大师，在烧红的平底锅里做“疯狂”炒蛋、云雀肉饼和罗勒鸡。他有一手绝招，可以用餐叉一下

12 圣西蒙（1675—1755），法国政治家、作家。他撰写的长篇《回忆录》对1691—1715年间路易十四的内政外交作了详细记述。

13 帕拉蒂娜公主（1652—1722），巴伐利亚公主，法国国王路易十四的兄弟奥尔良公爵的妻子，著有《书信集》，揭示了路易十四亲政时宫廷生活的有趣细节。

14 拉坎蒂尼（Jean-Baptiste de La Quintinie，1626—1688），法国农学家，1678—1683年在凡尔赛创建了国王菜园。

15 摄政王，即奥尔良公爵腓力二世（Philippe II，1674—1723），路易十四国王的侄子，1715年到1723年摄政路易十五。

子劈去白煮蛋的顶壳，这成了大型宴会上的精彩环节，为凡尔赛引来无数好奇者，以至于每当国王准备吃蛋时，就会有一位礼官高声宣布："注意，国王要吃蛋了。"这位国王还熟练掌握了冲泡咖啡和巧克力的技巧，并且乐于亲手为客人冲泡。

波旁家族中的"大胃王"无疑是路易十六[16]（Louis XVI），他经常被认为是得了"饥饿症"。他的餐桌礼仪极为粗放，布封[17]在参加了大型宴会后，无法不注意到"国王吃东西就像动物"——他是指植物园里的动物。有关这位国王食欲的传奇故事层出不穷，包括他被关在丹普尔堡的时候。他在国民公会受审后回到牢房，餐桌上有六块肉排、一大块家禽肉和很多蛋，吃完这些他又喝了两杯白葡萄酒和一杯阿利坎特酒。据史书记载，他生前的最后一餐是吃得最少的。

另外一对爱好美食的国王和大厨，路易十八和他的大总管德斯卡（d'Escars）公爵还一起开发新菜谱。"复兴雪鸥"是炖煮塞入松露和鹅肝的小山鹑，还有"殉道肋排"，三块羊羔肋排绑在一起，放到铁架上烤，但是只吃中间那块，因为它吸收了另外两块的肉汁。这两道菜都是他的发明。

作为展示权力与乐趣的舞台，君主们的餐桌使法兰西美食熠熠生辉，独步世界。

16 路易十六（1754—1793），波旁王朝国王，1774—1792 年在位，路易十五之孙，他是法国历史上唯一被处决的国王。

17 布封（Georges Louis Leclere de Buffon，1707—1788），法国博物学家，作家。法兰西院士，著有《自然史》。

下页：《维多利亚女王访问巴黎》（局部，1855 年）
欧仁尼·拉米（Eugène Lami）

御膳房
与御膳司

如何准备“宫廷上千张嘴”的一日三餐？
建筑师、医生和国王的要求、宫廷御膳房的运转，
都有赖于在御膳房工作的人。

在宫廷里，烹饪食物的场所和吃东西的地方很早就分开了，水果房、面包房、酒窖这些御膳房的附属设施与举办宴会的大厅完全分离。御膳房经常被安排在地下或者紧邻主建筑的侧翼建筑内，组织分工严密的仆役在这里劳作。御膳侍从在国王的御膳房履行职责，被称为“官（officier）”是因为他们在配膳室（office）工作。路易十四时代，在御膳房工作的人尤其多，因为宫廷仪式的规模大到异乎寻常。

选定御膳房的位置没那么容易。必须满足两个要求：上菜方便，可以避免菜肴冷掉；远离居所，控制烟熏火燎之气和火灾的威胁。很多建筑论著阐述过这个问题。文艺复兴时期伟大的建筑师菲利贝尔·德洛姆（Philibert de l’Orme）在出版于1567年的《建筑论集》中用整个章节来阐述酒窖和厨房的位置问题，他写道：“这样就可以建造一个合适的厨房，避免了日常清洁留下的秽物和丢弃的内脏的臭味，也可以在那里安放贮存肉类的食品橱。配膳室和公共大厅非常适合单独建立。”

医生不仅关注卫生问题，他们也对厨房的设计感兴趣。路易十三的御医路易·萨沃（Louis Savot）列举了建筑师布隆代尔（Blondel）的《法兰西建筑中的特殊建筑物》（*L’Architecture Françoise des Bastiments Particuliers*，1624年出版，1673年再版）中建造厨房的明确建议：“如果方便的话，厨房应该设立在西侧，或者建在南侧，同时配有食品贮藏室、饮料贮藏室、公共大厅、水井或者蓄水池管道，后两者也可以兼有。如果不方便把附属的膳房安排在一起或者不能建在地面以上时，厨房可以与附属的膳房一起建在地下。但是如果可能的话，永远不要建在地下，尤其是在下水道只能把污水排到露天的水沟时［……］。同样，厨房不可以设计在

《奇装异服》(1695 年)

尼古拉 · 德 · 拉梅森(Nicolas de Larmessin)

Habit de la Chaudronniere

Aparis Chez la Veuve N de Larmessin Rüe S.t Jacques a la Pomme dOr *Auec priuilege du Roy*

住所主体建筑的下面，一般会设计在饭厅位置的下面，一方面是由于噪声，另一方面厨房腌臜的气味会飘过来，没有比在佳肴结束时闻到厨房里生肉的味道更令人不快的了。”

国王们也没有忽略这个家居方位的问题，1530 年弗朗索瓦一世[18]（François Ier）决定在卢浮宫中世纪围墙外的一个院落旁重建御膳房。1682 年，路易十四下令在凡尔赛建造一栋巨大的御膳房，被称为公共大厦（Grand Commun），用来填饱“宫廷所有要吃饭的嘴”。这可不是个小数目，将近 1000 人每天要来凡尔赛城堡。新御膳房附属于主体建筑，集合了所有的配膳室，外形为建筑围成的四合院落，中间的蓄水池是整个建筑的唯一水源，厨房本身则占据了整个底层楼。

18 世纪，凡尔赛兴起了私厨，路易十五让人在他的套房里设立厨房，配有糕点炉和方砖灶。国王在专用厨房里醉心于糕点制作和冲泡咖啡的乐趣。

多亏了巴托洛梅奥 · 斯卡皮[19]（Bartolomeo Scappi）的《厨艺之书》，我们找到了文艺复兴时期厨房布局和设施的详细描述，作者是“烹调艺术的大师”、罗马教皇庇护五世（Pie V）的厨师。插图表现了一间厨房，内有挂锅铁钩的壁炉，炉前有一位厨师在手动旋转烤肉铁钎。一个编织篮悬挂在储藏间里，各类厨具固定在篮子上的网眼内。篮子的下面是能保证精准火候的炉灶[*]。另一侧可以看到墙上有炉灶通风罩和蓄水盆。斯卡皮的插图表明当时已经发生了某些技术变革，借鉴钟表技术的机械旋转铁叉可以解放厨师的双手。再有，家用铜蓄水池后来代替了烹饪用水池和清洗餐厨具的水池。直到 18 世纪才出现了用沙、炭或者海绵净化水的过滤蓄水池。

18 弗朗索瓦一世（1494—1547），1515—1547 年在位，热衷文艺复兴思想，是包括达 · 芬奇在内很多艺术家的保护人。

19 巴托洛梅奥 · 斯卡皮（1500—1577），文艺复兴时期意大利的著名厨师，主要在罗马为历任教皇服务。他的著作《厨艺之书》（*Opera dell'arte del cucinare*）对欧洲各国的美食影响极大。

* 有五个火眼的灶，17 世纪广泛使用。——原注

为了让御膳房运转起来，一支组织严密的队伍在幕后默默行动。御膳侍从、御厨、糕点师、烤肉官、灶火官、蔬菜官、烤钎官、小厮和助手组成了这支默默无闻的英勇队伍。

下页：《杜伊勒里宫的御膳房》（1864 年）
见《插图世界》

LE DESSERT.

BARBANT
F. LIX

LE GARDE-MANGER, U FROID.

LES CUISINES DES TUIL

LE GLACIER.

LA ROTISSERIE.

(D'après les croquis de M. Moullin.)

《准备宴会》（局部，1570 年）
见巴托洛梅奥 · 斯卡皮的著作

炉灶

炉灶自古有之，在庞贝城就曾发现过炉灶的遗迹。17 世纪，炉灶在豪宅的厨房里盛行开来。这是一种砖砌的大型炉灶，上覆石板、生铁板或者陶瓷板，板上凿出几个开口。炉洞里塞满炭。操作台面上嵌着保温灶眼，用来放置炖锅、蒸锅和煨肉锅。炉灶台面的高度设在方便厨师照看菜肴的位置。木头和木炭为“炉灶”提供燃料。可以通过增减木炭的量来掌控火候，从而烹制出当时流行的不同火候的汤底、汤、调味汁和炖菜。

方砖灶的出现堪称 17 世纪烹饪的真正创新。从这个时期开始，人们不再使用很多佐料，更喜欢以简单的芳香植物烹制食材，用少量调味品来增加香味而不致使食物失了本味。调味汁也变得更加浓稠。这个时期不仅出现了新的烹饪技巧，还诞生了为菜肴打底的最早的高汤和酱汁。直到文艺复兴时期，蔬菜都难登大雅之堂，现在却获得了超然的地位。当时的大厨，拉瓦莱纳、玛西亚洛（François Massialot）以及神秘的 L. D. R.，都使用了更为完善的烹饪技巧。要想提升食物的芬芳，火候的控制是决定性的。应该烹出食物的原本味道，直至“一锅白菜汤完全散发出白菜的味道”，就像农学家、路易十四的贴身侍从尼古拉 · 德 · 博纳丰（Nicolas de Bonnefons）在 1654 年出版的《乡村野趣》（*Les Délices de la campagne*）所言。

方砖灶一直到 18 世纪末都在使用，随后逐渐被可移动的、称作“经济灶”的铸铁灶代替，也就是我们现代炉灶的祖先。

御膳房里的队伍

路易十四习惯晨起时喝汤。整个夜晚，小厮都会守着这锅鲜美的汤。这些小厮隶属于国王的“御膳房”。12世纪，勇敢者腓力三世[20]（Philippe III）的典制中就提到过御膳房这个古老的机构。

1663年出版的《法兰西国家》（*L'État de la France*）颁布了国王宫廷所设的职位和头衔，从中可以看到，大量仆从已经正式编入御膳房。一位御膳总管为国王端上早晨的那道汤，他可以指挥一整队司膳侍从：四位负责头盘的厨师，四位负责烤肉的烤肉官，四位司汤官准备汤品，另有四位糕点师制作甜点和点心。至于勤务房，四位运送官为厨房提供水、木头和炭，四位餐具官照看金银餐具，两位司钎官转动烤肉钎，三个厨房小厮——著名的小厮（galopin）负责打杂，四位摆膳官负责上菜摆桌，还有六位撤膳官负责撤菜和分发剩菜。其中有些职位由官员轮替，经常是每半年一次，这就能为更多人提供效力国王的职位。

路易十四的御膳司有着严密的组织和等级制度，是一个更为庞大的机构，承担为国王家人、宾客和官员准备食物的职责。1681年，科尔贝（Colbert）为500位伺候御膳的人明确规定了每个人的职责。御膳房位于凡尔赛公共大厦（Grand Commun）的一层，这座大厦是1682年建造的盛纳宫廷服务部门的建筑。

20 腓力三世（1396—1467），也称“好人腓力”，瓦卢瓦王朝的第三代勃艮第公爵，1419—1467年在位，百年战争末期欧洲重要的政治人物之一。

Le M

Le Mtre d'hoſtel
Les mets que je ſers ſur la table
Sont pour faire boire à tous coups
Que le bon vin eſt ſouhaitable
Au monde rien neſt de plus doux .

L'eſcuier tranchant
Tous les bons morceaux que ie treuue
Ie les preſente honneſtement
A ce Monarque de la febue
Qui pert ſon Royaume en dormant .

L'Eſchanſon
Ie fay courir parmy le monde
Pour du vin bien delicieux
Quand mon Prince en boit à la ronde
Il ſe croit le Maiſtre des Dieux ,

Le Cuiſinier
Ie tiens pour moy que la Cuiſine
Produit de merueilleux efets
Les plus doux plaiſirs de Cyprine
Sans elle ne ſont pas parfaitz .

Le Marmiton
Ie ſoufre les maux de Tantale
Qui void des biens ſans les toucher
Ma peine eſt elle pas egale
Ien voy que ie nóſe aprocher .

Le Sommelier
Courage enfans brauons l'Enuie
Le bon vin ne nous manque pas
C'eſt luy qui reſiouit la vie
Et qui ſurmonte le trepas .

《司膳侍从》（局部，1632 年）
亚伯拉罕 · 博斯

御膳房下分为七个司，其中有负责君主饮食的国王司。国王司又分为两部分，杯盏房[21]负责供应饮料和水果，同时还负责桌布和餐具，另一个是准备宫廷膳食的膳房。御膳房里的每个人无论官职大小，都在太阳王恢宏的日常生活场景中扮演着自己的角色。

21 宫廷里为国王提供面包、酒水和水果的部门及其所有侍从。

餐桌的艺术

从手指到餐叉，从砧板到盘子，新的器具带来新的就餐方式。
宫廷餐具开始日趋考究，竞相使用最时尚的材料、
色彩和制造工艺。

用手抓、共用餐盘、吃同一盘菜、用桌布擦手，这些习惯在中世纪并无粗鄙的意味，即使在国王的餐桌上也是如此。文艺复兴时期，当新的礼仪规则将动物般的举止与人类的教养对立起来，宴饮时的宾主共餐便动摇了。餐桌是实施新礼仪的最佳场所。

每个人在餐桌上的地盘由餐具来体现，但不总是如此，个人整套餐具要在大约 17 世纪后半叶相当晚近才出现。餐叉是从 16 世纪开始在法兰西宫廷使用，最早是为方便叉起盘子中的食物。路易十四虽然进餐时举止完美，但他总是拒绝使用餐叉，要到 18 世纪才全面禁止用手抓取食物。此后，餐刀只用于切分而不再用来叉起肉食，故而只在圆的那一侧开刃。

16 世纪，切肉官会为国王切分好肉食，其他客人则自理。放肉食的切肉板和砧板被边缘高起、或方或圆的贵金属餐盘代替。但是在战争期间，把贵金属熔掉能发挥更大用途。路易十四好几次下令熔掉银盘子，从而为使用其他材料制造餐盘创造了机会，比如来自意大利的陶器和 18 世纪广泛使用的瓷器，后者成就了塞弗尔 [22] 制造和利摩日 [23] 制造的盛名。

18 世纪是个考究的时代，当时使用的成套餐具开始与我们今天的餐具相似。最早一套餐具是 1752 年路易十五在万塞讷订制的，底色为“天蓝色”，总共 700 多件。其他由塞弗尔制造的著名餐具接踵问世：玛丽—安托瓦内特 [24]（Marie-Antoinette）的朗布依埃牛奶罐系列，或者俄罗斯的

22 塞弗尔（Sèvres），位于巴黎西南方向，于 1740 年在路易十五和蓬巴杜夫人的支持下建立，专门生产高档瓷器，是欧洲著名的陶瓷工坊。

23 利摩日（Limoges），位于法国中南部地区，因附近发现了高岭土而发展成著名的陶瓷产地。

24 玛丽—安托瓦内特（1755—1793），路易十六的王后。她生于维也纳，在法国大革命中被送上断头台。

叶卡捷琳娜（Catherine）女皇的整套餐具，由744件加金边以及宝石浮雕装饰的“天蓝色”餐具组成。大革命之后的帝国统治时期，拿破仑一世的订单使得工坊起死回生。他特别让人为他制作了私人餐具，其中一部分将陪伴他一起流放到圣赫勒拿岛。

至于酒杯，却不是一开始就出现在餐桌上的，一直要到18世纪末，应一位侍者的要求，酒杯才摆上桌面。在使用玻璃杯之前，喝酒的器皿包括无脚杯、有盖高脚杯和独脚杯，都是贵金属制作的。到文艺复兴时期，威尼斯的玻璃大师们重新引发了世人对玻璃的偏好，这种材料才独占鳌头。18世纪，波西米亚水晶赢得巨大成功，水晶酒杯无比晶莹剔透。摩泽尔地区的圣路易水晶坊终于在1781年发现了用铅制作水晶的秘密，此前一直被英国人所垄断。

自文艺复兴开始，既然不再用桌布擦手，每位宾客便拥有了一方精心剪裁的餐巾。餐巾使用的是和桌布一样的奢华布料，由可称为亚麻提花艺术大师的佛兰德织工织造。因为发展出繁复的折叠方式，餐巾也成为名副其实的装饰品。

《150位宾客餐桌上的摆件》
（佚名，1867年？）
根据维克托·巴勒塔尔（Victor Baltard）的图和模型所画，
这件摆件用来装饰市政厅长廊的桌子，
它还出现在1867年巴黎的万国博览会上。

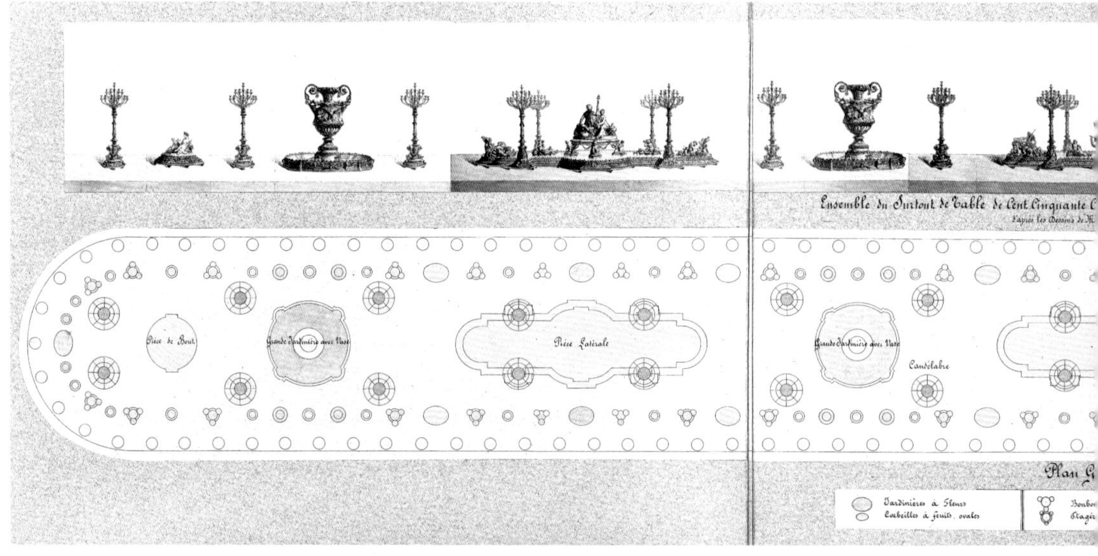

同时餐桌本身也发生了独特的变化：架在底座上的简单的长方形台面，到18世纪发展成为造型各异的细木家具，并且在餐厅里有了专门位置，不用再搬来搬去。随着17和18世纪法国烹饪的名声大振，餐桌的布局也越来越讲究。在这张桌子上，装饰之考究只有菜肴的品质堪可比拟。法式进餐礼仪也受到推崇，要求必须将菜品有序和对称地摆放，这项大型宴会的规范一直持续至19世纪。

陶瓷餐具、水晶玻璃器皿与金银器令整张餐桌更加精致。在众多的装饰品中，还有餐桌中央的大型瓷器或者银器，若干个世纪以来成为餐桌的标志性器皿。这些装饰摆件以贵金属或者陶瓷制成，成就了诸如德洛内（Delaunay）、奥迪欧（Odiot）、日耳曼（Germain）以及克里斯托弗勒（Christofle）这样的法国金银器商的盛名，克里斯托弗勒曾制作了拿破仑三世1852年订制的大型银器，并在1867年完成了巴黎市政厅的大型银器。这两套银器命运多舛，在1871年的巴黎公社运动中，第一件部分被毁，第二件全部被毁。

从文艺复兴到第二帝国，餐桌的艺术不停向高端发展，无与伦比的优雅结合了有节制的感官快乐。

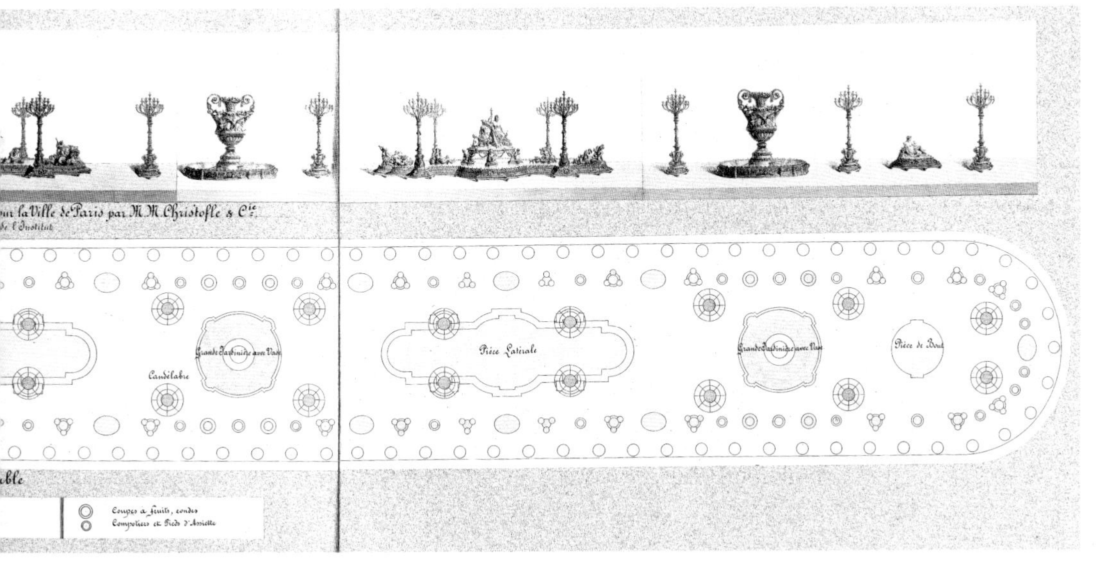

Ensemble du Surtout de Table de Cent Cinquante Couvert.

d'après les Dessins de Mr Victor B

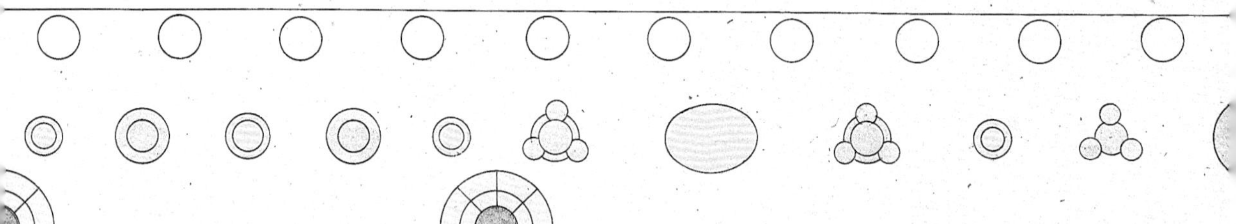

Grande Jardinière avec Vase

Candélabre

Pièce

Plan Généra

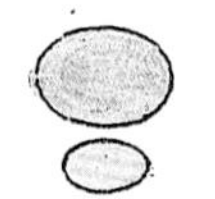

Jardinières à Fleurs

Corbeilles à fruits, ovales

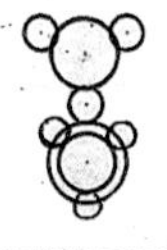

Bonbonniers à

Etagères à 4 p

…cuté pour la Ville de Paris par M.M. Christofle & Cie.

…Membre de l'Institut

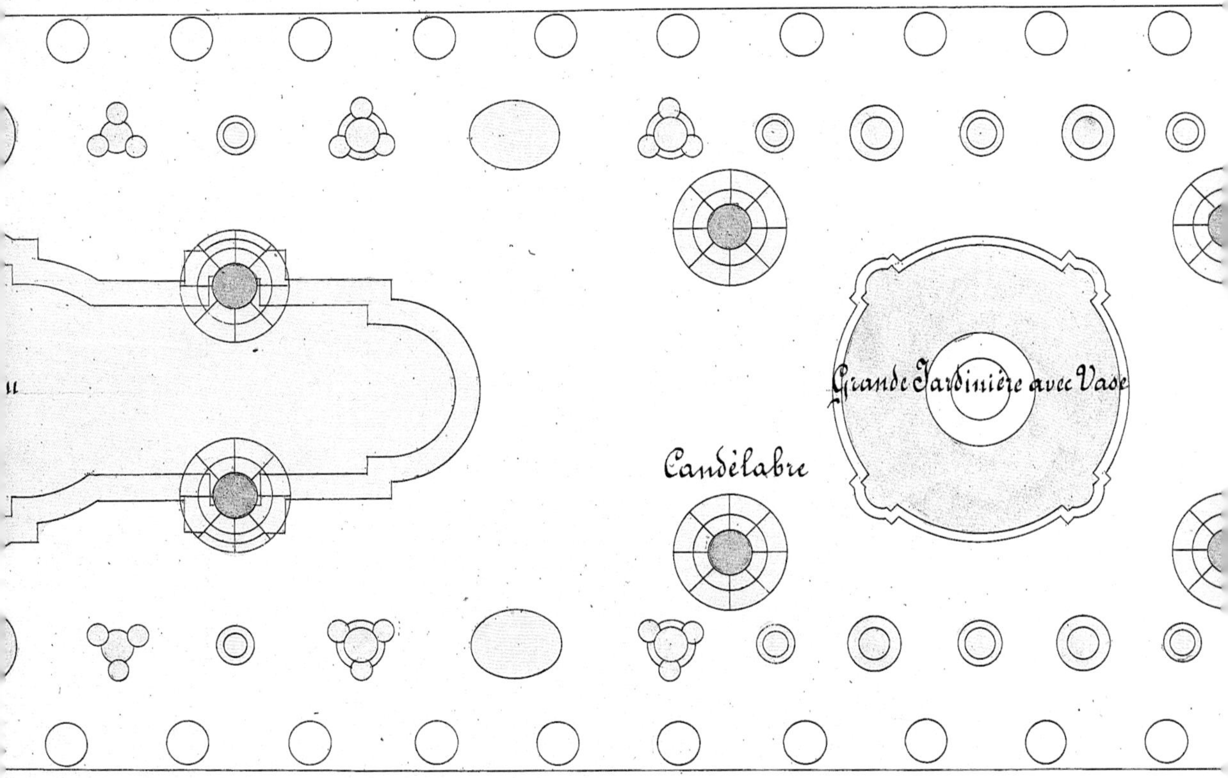

…la Table

…ux

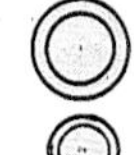

Coupes à fruits, rondes

Compotiers et Pieds d'Assiette

餐桌织物

托马斯·阿尔图斯[25]（Thomas Artus）在1605年出版了《阴阳岛》（*La Description de l'isle des Hermaphrodites*），书中讽刺亨利三世的宫廷，描绘摆好的餐桌上铺着一张非常优美的“提花亚麻桌布”，桌布“以某种方式折叠，像极了被微风吹皱的河水，甚至可以在好几个皱褶里看到浪花”。至于“餐桌四周”摆放的餐巾，“则被叠成好几种水果和鸟儿的形状”。

折叠餐巾可以追溯到文艺复兴时期。尤其是在亨利三世时期，出现了个人用的餐巾。餐巾有明确的尺寸（近一米宽），围在脖子周围，用来保护宽大的绉领或者“褶领圈”以免被食物弄脏。折叠餐巾的时尚在17世纪达到顶峰，一直保持到18世纪末，不过到后期形式上要简单了许多。

桌布同样可以用独特的方式折叠。因为辊轧技术，桌布经常被轧成方形，使得桌布铺在餐桌上时可以保留崭新的折叠痕迹。

从16世纪开始，提花亚麻制作的餐桌织物代替了丝绸面料。佛兰德，尤其是科特赖克[26]的工匠用丝织工艺处理当地的亚麻，织出的织物洁白、精美，而且图案颇具艺术品位。佛兰德的餐桌织物直至18世纪都享有盛名。

表现历史故事的提花亚麻、小花纹提花缎（细小规则的星形图案连续分布的装饰缎）或者没那么昂贵，绣有细小几何图案的布料见证了宫廷餐桌织物的种类繁多和品质精美，长久以来都是盛大的宫廷宴会中的奢侈品。

25 托马斯·阿尔图斯，法国作家，16世纪中叶出生于巴黎，1614年之后去世。《阴阳岛》一书出版于1605年，以揭露亨利四世宫廷的罪恶为名，实际是对所有前朝的谴责。

26 科特赖克（Courtrai），比利时地名，位于佛兰德地区，是欧洲重要的亚麻纺织品产地。

《五觉：味觉》
佚名（局部，据亚伯拉罕·博斯断定，这幅画成画于 1635 年左右）

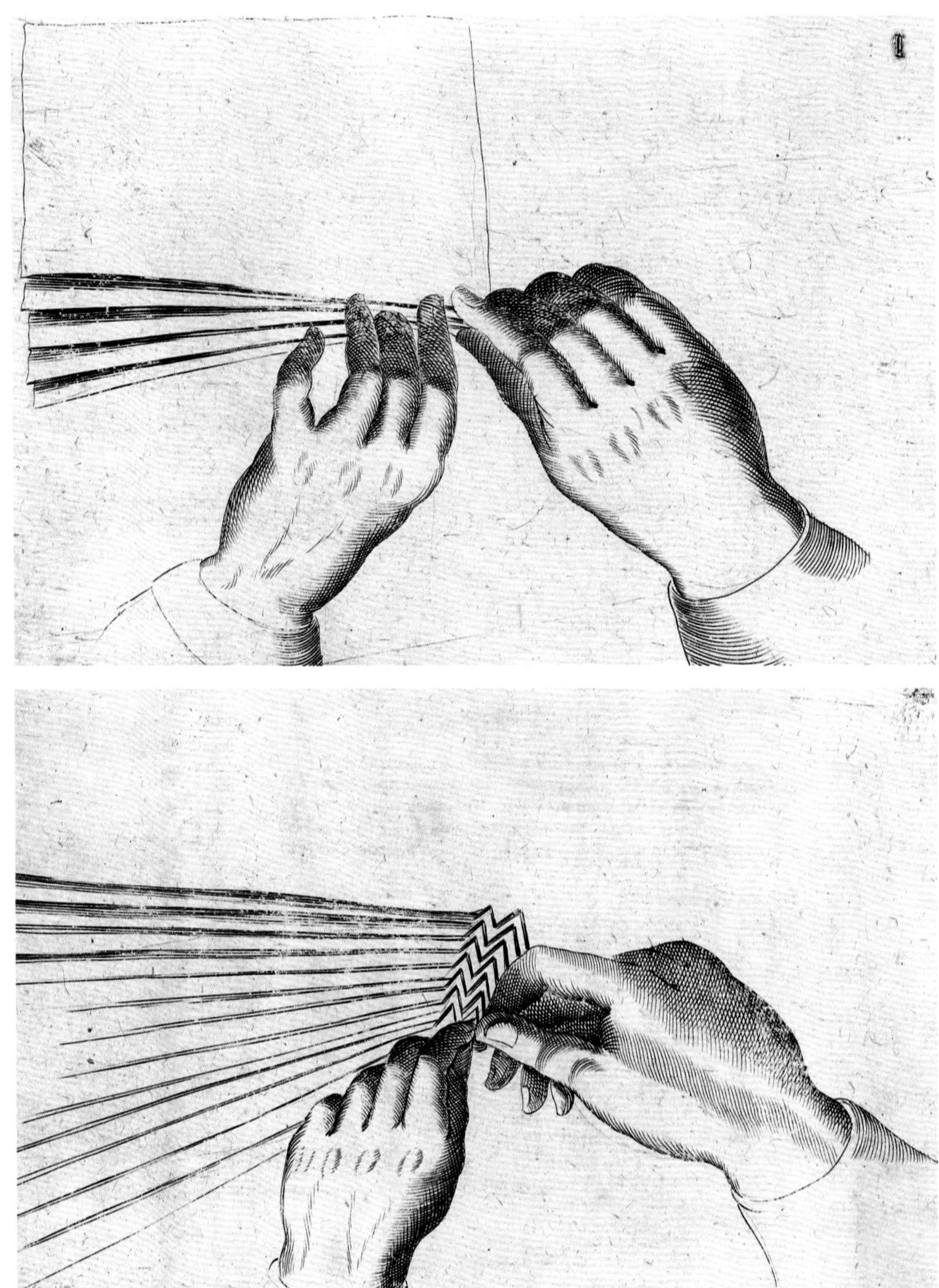

《折叠的三个步骤》(1639年)
马提亚·吉格(Mattia Giegher)

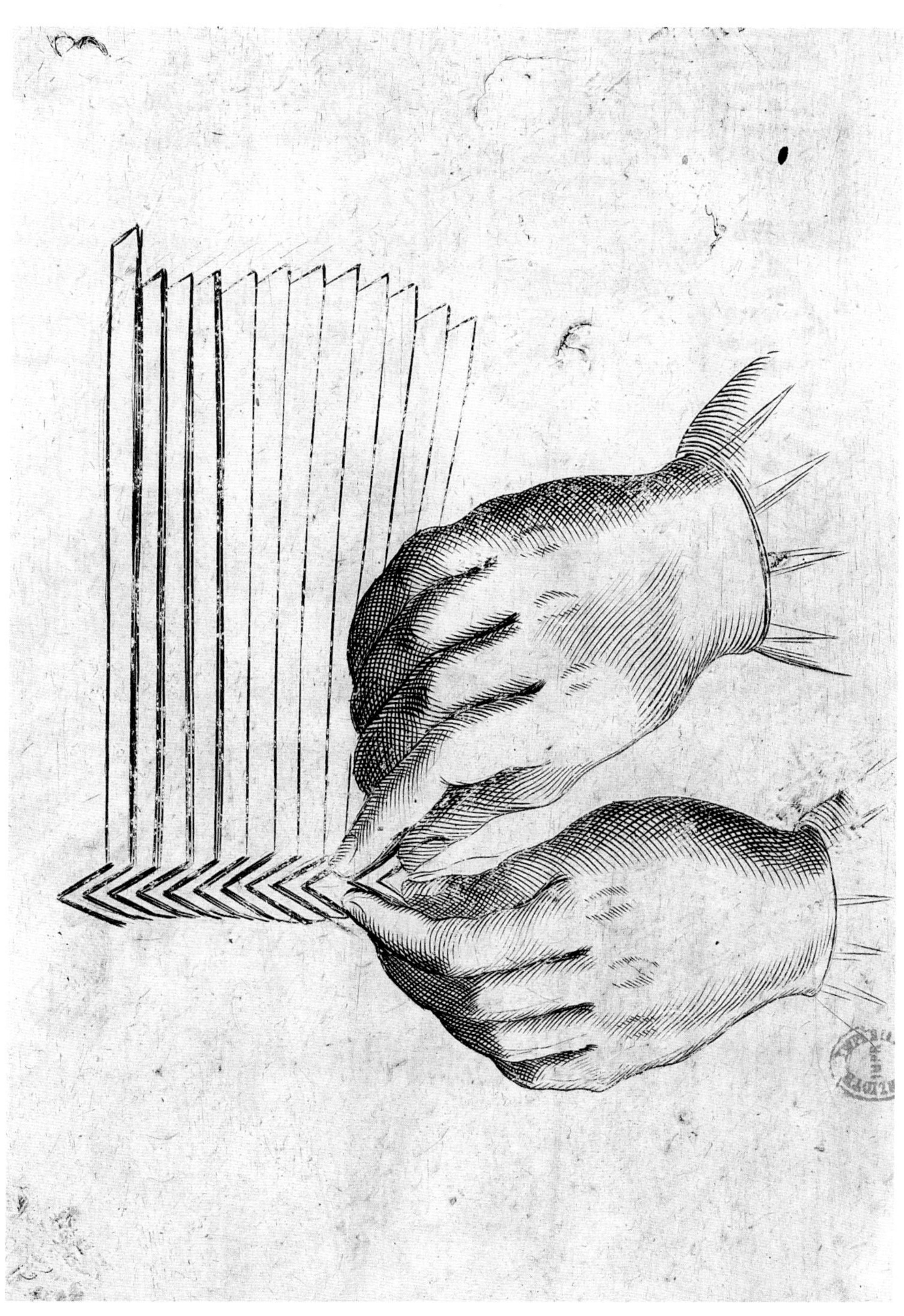

17世纪，折叠餐巾的艺术达到顶峰。出版了众多教习这种艺术的论文。因为巧妙的折法，餐巾可以叠成动物、花卉或者水果的形状，从而成为餐桌的装饰品。

载满回忆的餐盘

1807 年，拿破仑一世从普鲁士东部芬肯施泰因[27]（Finckenstein）司令部以个人的名义向塞弗尔工坊订制了一套令他回忆起战时伙伴的餐具。这套餐具的制作耗时三年，大部分于 1810 年拿破仑与奥地利的玛丽—路易丝婚礼之际完成。整套由 178 件餐具和 25 件摆件组成，使用硬质土，边缘为铬绿色，环以亮金色古代刀剑的装饰，军旅伙伴们出现在 72 件甜点盘的多彩背景上。整套餐具以 29 件埃及咖啡具收官，金色象形文字的带状装饰映衬着精美的蓝色调，咖啡具上则描绘有灰色的埃及风景。当皇帝被迫动身前往厄尔巴岛[28]时，他把这套餐具留在了杜伊勒里。路易十八赶紧把这些餐具送回工坊，用自己姓名的首字母图案替代餐具上原来的皇家

27 普鲁士的一座古堡。1807 年，拿破仑驻扎在这里，打败了俄普联军。

28 厄尔巴岛（Elbe），意大利托斯卡纳地区的海岛。1814 年反法联军攻陷巴黎，拿破仑第一次退位，于当年 5 月至 1815 年 2 月流放至此。

标记。在百日王朝[29]之后，拿破仑获准带着私人物品前往圣赫勒拿岛，其中就有60件甜点盘。

在流放期间，拿破仑没有使用这些盘子，他只是静静地看着它们，慢慢习惯于把餐盘作为礼物送给身边的人。在朗伍德[30]陪伴他的忠实追随者马尔尚（Marchand）在回忆录中讲述皇帝是如何向德·蒙托隆（de Montholon）伯爵介绍其中一件餐具的。埃及战役结束后，波拿巴乘"米隆号"返回时经过阿雅克肖城（Ajaccio），"看看，蒙托隆，这就是我的家。我相信这艘护卫舰旁边的船上就有我的奶娘，可怜的妇人是第一个来看我的。"拿破仑死时，只剩下54个盘子。餐具被送回法国，然后就不知所踪了。

29 1815年3月20日，拿破仑从厄尔巴岛逃回法国，集结军队，把刚复辟的波旁王朝推翻，再度称帝；6月18日，因为滑铁卢战役的失败，拿破仑再被流放到圣赫勒拿岛，波旁王朝再度复辟。拿破仑战争至此结束。拿破仑重返帝位总共101日，因此史称"百日王朝"。

30 1815年10月起，拿破仑被囚于圣赫勒拿岛上的朗伍德（Longwood）别墅，1821年5月卒于该地。

左上：《画盘：米隆号护卫舰》
塞弗勒工坊，1808年

上：《拿破仑一世与玛丽—路易丝的婚宴》（局部，1810年）
卡萨诺瓦（A. B. J. Dufay，dit）

命运多舛的餐桌摆件

1852 年，拿破仑三世向克里斯托弗勒工坊订制 100 套餐具，还有一件搭配塞弗尔瓷器的餐桌摆件，总共 4700 件。纯银的整套餐具太过昂贵，皇帝喜欢革新，最终选择了罗斯合金。罗斯合金是一种因为最新的镀银技术而出现的镀银金属。

1855 年，法国巴黎第一届万国博览会的圆形大厅里出现了这组餐桌摆件。这组装饰摆件是为 30 米长的餐桌而设计，由 15 个主要部件组成。在中央，《法兰西分送荣誉之冠》是主体雕塑：展开翅膀的胜利女神栖息在天穹之上，周围环绕着富有寓意的人物（象征着正义、协和、力量与宗教），女神的两只手各举一顶橡枝王冠与月桂枝王冠。一侧是 4 匹马，另一侧是 4 头牛，拉着战争之车与和平之车。最后，从 4 座法国城市选出的圆屋顶造型和 8 个枝形烛台为这件气势磅礴的作品画上完满的句号。

1871 年“流血周”[31] 期间，5 月 23 日夜晚至 24 日，巴黎公社遭镇压，杜伊勒里的宫殿被公社社员焚毁。大火烧了三天三夜。在被烧毁和受损的家具物品中就有这套著名的餐桌摆件。从瓦砾中救出来的唯有已经起泡、褪色的 9 个主件。真是命运的讽刺……未来的拿破仑三世不是曾经说“君王的银器只是为了在某个特定的时刻被熔化”吗？

31 1871 年 5 月 21 日至 5 月 28 日，巴黎公社的社员战士们与政府军进行了一周的激战，最后巴黎公社遭屠杀，起义失败，这就是世界历史上有名的“五月流血周”。

《杜伊勒里宫大火》（局部，1871 年）
佩勒兰画坊

《拿破仑三世的 100 套餐具的餐桌摆件》
插图（1855 年）

下页：《俄罗斯的叶卡捷琳娜的瓷餐具》
塞弗勒御用工坊，1778 年

Sceau a Glace...... nombre 10

Compotier Ovale......... nombre 6.

Plateau a 2 pots de confiture.... nombre

Gobelet 1.ere grandeur ... nombre

Pot a sucre ... nombre 6

Theyere...... nombre 6

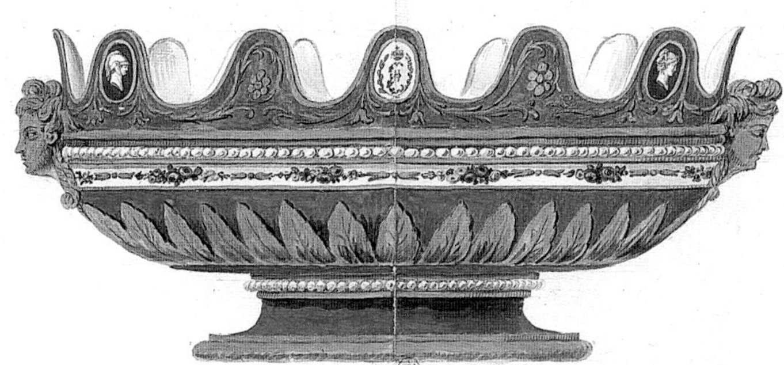

Sceau Crenelé en Gondole....... nombre 12

Plateau a 4 tasses a Glace.... nombre 10.

tasse a glace.... nombre 110

Plateau pour le Sucrier... nombre 8

Compotier quarré...... nombre 6

Sucrier ovale...... nombre 8

宫廷宴会

国王进膳，无论私下还是公开进行，都要执行一套严格的规程。
进膳的场景赋予君王以他所期望的主角设定：
上帝之子、艺术之友、绝对权力的君主、合法的皇帝……

法国国王在公开场合进餐有好几种形式，场合不同，执行的仪式也有不同，比如加冕礼的特别宴会，一般仪式后或普通的大型宴会（Grand Couvert）、小型宴会（Petit Couvert），但同样有官方宴会和特殊节庆宴会。

816年在兰斯第一次国王加冕礼后举行的宴会，确立了国王加冕要举办大型宴会的传统。根据宫廷礼仪，五张桌子摆成U型，所有宾客都背靠墙坐在桌子的一侧。国王坐在居于高处的宝座上，独享一张桌子，他的上方是装饰着百合图案的华盖。离他最近的是教会或朝廷的重臣、外国使节和圣灵骑士。女子被排除在宴会之外，她们被单独安排在礼拜堂旁边的观礼台上，“方便她们看到国王进餐”。传统上，为观礼宾客上菜的服务由兰斯城的贵族承担，他们一次端上很多菜，根据完美的对称原则按大小尺寸摆在餐桌上。司膳官们只为国王服务，为他端上酒水和他想吃的菜。餐后祈祷结束后，国王的乐队便登场了。加冕礼宴会必须符合王朝自己预设的形象。

卡特琳娜·德·美第奇最喜欢的儿子亨利三世把在仪式后举办宫廷宴会的习惯固定下来。1578年和1582年，特别是1585年，他甚至起草法令，定下了持续两个世纪之久的规则。国王随两位弓箭手和一位礼官组成的队伍入场，同时所有在场者脱帽。司膳官指挥年轻侍从和一位贵族侍从上菜。弓箭手围在他们旁边，以免冒失者过于接近餐桌。亨利三世要求，

下页：《太子殿下的婚礼庆祝活动》（局部，1745年）
让—弗朗索瓦·布隆代尔（Jean-François Blondel）

在他进餐期间任何人不得上前搭话或者进入把他与众人分开的栏杆，廷臣们低声交谈以免干扰宴会的进行。另外，当国王开始进餐，廷臣们应该退回附近房间自己的桌子那里，到国王进餐结束时再回来。优雅而讲究的亨利三世专注于每个细节：桌布餐巾应该熏香，餐巾要叠得精巧，随处撒上鲜花，宾客还应该使用餐叉来满足他的苛求。餐叉是威尼斯人的发明，最开始被认为过于怪异。

一个世纪之后，宴会传统得以发扬光大，同时其政治功能日益突显。在路易十四的宫廷里，宴会成为绝对权力宏大的中心场景。

节日、洗礼或者婚礼这些仪式后的大型宴会，分为五个组织严密的重大时刻：国王的司膳侍从（隶属于杯盏房和膳房）准备餐桌，御膳总管带领大约20位上头道菜的人走进来。国王在人群的屈膝礼中前行。随后其他菜肴如潮水般端上来，“水果”或者甜点为进餐画上句号。一般国王行政办公室在周六上午就会确定下周的菜谱。

将仪式后的大型宴会与通常的大型宴会区别开的，是国王餐桌上出现的船模：一件庄重的装饰摆件，材质为水晶或者贵金属，通常是船的形状。国王的餐具、餐巾、盐瓶同时还有用来辨别毒药的“试毒角”都放在上面。自亨利四世开始，船上只剩下餐巾、盐、胡椒和分食餐刀，餐具放在扁扁的“餐具匣”里。

小型宴会即我们今天的午餐，礼仪要简单一些。当国王独自一人在房间里进餐时，他的贴身侍从或者第一侍从为他上菜。只允许零星的来访，而且只能是内务廷臣以及几位宠臣。

在一个多世纪的动荡不居之后，19世纪，拿破仑三世重新恢复了往昔的奢华排场，宴会依据明确的礼仪进行，在每处行宫皆不相同。杜伊勒里宫举行晚宴时，宾客们穿过一连串大厅，最终进入马元帅厅，女士们端坐，男士们则站在窗子附近，进行审慎的谈话。贴身侍从高声宣布："陛下驾到！"所有人起身，男士站一边，女士站另一边。侍从们为皇帝夫妇介绍来宾。随后人们踏着音乐的节奏进入和平大厅，在一张被鲜花、水果、枝形烛台、塞弗尔瓷器和实心金摆件装饰得美轮美奂的餐桌前就座。开始上菜了，进餐的时间也就大约一个来小时，这对使用升降机上菜的厨师而言委实是个挑战。

除了节日和宴会之外，皇帝夫妇的晚餐有 12 至 18 位宾客出席。可以品尝到诸如小牛肉片配蛋黄醋沙司、盐渍猪舌、黑黄油沙司蛋[32]、水果奶油小馅饼等。

进餐仪式逐渐发展成某种"法式"生活艺术，这种生活艺术建立在我们的烹饪传统与饮食的社会实践基础上。今天，无论是节日宴会还是日常用餐都继承了这种艺术。

32 以小火将黄油熬至黑褐色，再加柠檬汁或者醋调成的沙司。

大型宴会

路易十四一般在9点钟用“早餐”，简单地进食一些药茶和汤类。下午1点钟，他会独自一人在房间里简单“进餐”。晚上10点钟的大型宴会是太阳王最喜欢的隆重时刻，在前厅庄重的氛围里进行。这个场景每天都被公众热切期盼着[33]。

卫兵撞击武器以宣布国王驾临。路易十四只与王室的所有成员同坐。但是，到场的人员众多，廷臣和好奇的路过者根据礼仪围成半圆，面向王室餐桌而立。最前排，公爵夫人坐在折椅上，穿曳地礼服的亲王夫人们则有幸坐在脚凳上。路易十四身后聚集着各级官员，包括大总管、御医、外科医生和宫廷大神甫。

一声呼喝“先生们，国王进膳了！”拉开了序幕。一队司膳侍从依照事先安排在壁炉前支起餐桌。桌上有两件富丽堂皇的金银摆件压阵：象征王权的船模、保护餐具不被下毒的餐具匣。第一道菜上来了：“先生们，国王的御膳！”侍从们尝一下菜品。接着，汤品（甲鱼汤、宫廷野味汤、生菜卷汤……）和头盘（羊腿、牛舌杂烩……）被端上餐桌。菜一道道上来：沙拉和烤肉（雉鸡、小山鹑、阉鸡配牡蛎……），以及或甜或咸的餐末甜食。一共上了28道菜。最后，甜点或“水果”端上来了，国王品尝开心果布丁——布丁上装点着花朵，散发出麝香和龙涎香的味道，还有小

33 路易十四把凡尔赛宫的大门敞开，每天的日程向公众公布，公众可以自由进入、参观。

杏仁饼和新鲜水果、果干或者糖渍水果搭成的壮观的水果塔。他埋首面前的美食，吃得津津有味。一位司膳侍从专门处理剩菜，在御膳结束后负责分配给御膳房的仆从们享用。

做完餐后祷告，路易十四便和女士们回到他的房间开始“交谈”。每一天，45 分钟的大型宴会都上演着绝对权力的场景。

《王室住所内的餐具柜》(局部，1694 年)
安托瓦纳 · 图万 (Antoine Trouvain)

LOUIS LE GRAND L'AMOUR ET LES DELICES DE SON PEUPLE. ou
les Actions de graces, les Festes et les Rejoüissances pour le parfait retablissement de la Santé du Roy en 1687.
Feste du Parlement
Feste de l'Academie de Peinture
Feste des Fermiers generaux
Cloture des Actes de graces a N. Dame
LE DINE DV ROY A L'HOTEL DE VILLE DE PARIS
Dessiné sur le lieu Par Ordre de Messieurs de Ville le 30. Janvier 1687.
CALENDRIER POUR L'ANNEE BISSEXTILE MDCLXXXVIII.
A PARIS CHEZ N LANGLOIS RUE S.T IACQUES A LA VICTOIRE AVEC PRIVILEGE DU ROY
A Le Roy servi par B Mons. de Fourcy Prévôt des marchands C Monseigneur servi par D M.r Geofroy Echevin E Madame la Dauphine servie par F M.e la Pr. de Fourcy G Monsieur par H M.r Gayot Echev I Madame par K M.r Chupin Echev L Mgr. le Duc de Chartres par M M.r Sanguinieres Echev N Mademoiselle par O M.r Titon Proc.r de la ville P Mademoiselle d'Orleans par Q M.r Mitantier Greffier R Mad.e la G.de Duchesse de Toscane par S M.r Boucot Recev.r T Mad.e la Princesse V Mad.e de Guise servies par X les Conseillers de ville Y le M.re d'hotel Z le Colonel & les Hussiers AA les Archers de la ville

左：《路易十六在巴黎市政厅》（1687 年）

皮埃尔 · 勒珀特（Pierre Lepautre）

上：《德 · 贝利（DE BERRY）公爵与奥尔良（D'ORLÉANS）小姐的婚礼》（1710 年）

杰拉尔 · 若兰

路易十五的私密晚膳

较之曾祖父路易十四，“被喜爱者”路易十五是更为精致的美食家，他继承了奥尔良公爵腓力二世[34]（Philippe II d’Orléans）开创的私密进餐方式。

在这些雅致的餐桌上，人们摘下行为礼仪的假面具，从伟大世纪[35]的礼仪所强加的沉重仪式中解脱出来。更多自发、优雅的私密交流和放纵嬉乐的时代到来了。法兰西国王轻率而玩笑般地扮演公民路易·德·波旁（Louis de Bourbon）的角色，喜欢为近臣亲自下厨做几个菜和冲泡咖啡。在凡尔赛、马尔利[36]、米埃特[37]和舒瓦齐[38]设置了“夜宵专用小套房”，能招待精心挑选的16到30位客人。

在私密进餐时，主人更愿意根据宾客的人数增加菜的数量和品种，而不是像现在一样靠增加每道菜的量。最精致的菜肴由巴黎最好的厨师长烹制——而不是宫廷厨师，然后装在豪华的瓷器和金银器皿中。舒瓦齐的菜单按照洛可可和自然主义的“清单”风格呈现出来，其他的如“环形菜单”，装饰就少得多，阅读的顺序要与时针方向相反。

这些菜单告诉我们国王的菜品有多么丰富：两道汤，两道菜肉杂烩，8到16道头盘，4道烤肉，8道烧烤，以及大约20道或大或小的餐末甜食。唯有最后一道甜点没有列出来。进餐在餐厅持续大约两个小时左右，从此以后，开始有了专门用餐的房间，就像今天的餐厅一样。

每道菜之后，由工程师盖兰（Guérin）1756年设计的“活动桌”便

34 奥尔良公爵腓力二世（1674—1723），路易十四的侄子，1715到1723年担任路易十五的摄政王。

35 伟大世纪（le Grand Siècle），尤指17世纪，法国在“太阳王”路易十四的中央集权统治下，握有凌驾欧洲诸国的政治主导权，而在艺术文化上，光耀史册的历史人物陆续登上历史舞台，建构起延续至今的法国文化基础。也称古典时代、黄金时代。

36 马尔利城堡（Chateau de Marly），凡尔赛附近的皇家城堡。

37 米埃特城堡（Chateau de la Muette），巴黎布洛涅森林附近的皇家城堡。

38 舒瓦齐城堡（Chateau de Choisy），位于巴黎东南方向的马恩河谷省，路易十五珍爱的行宫。

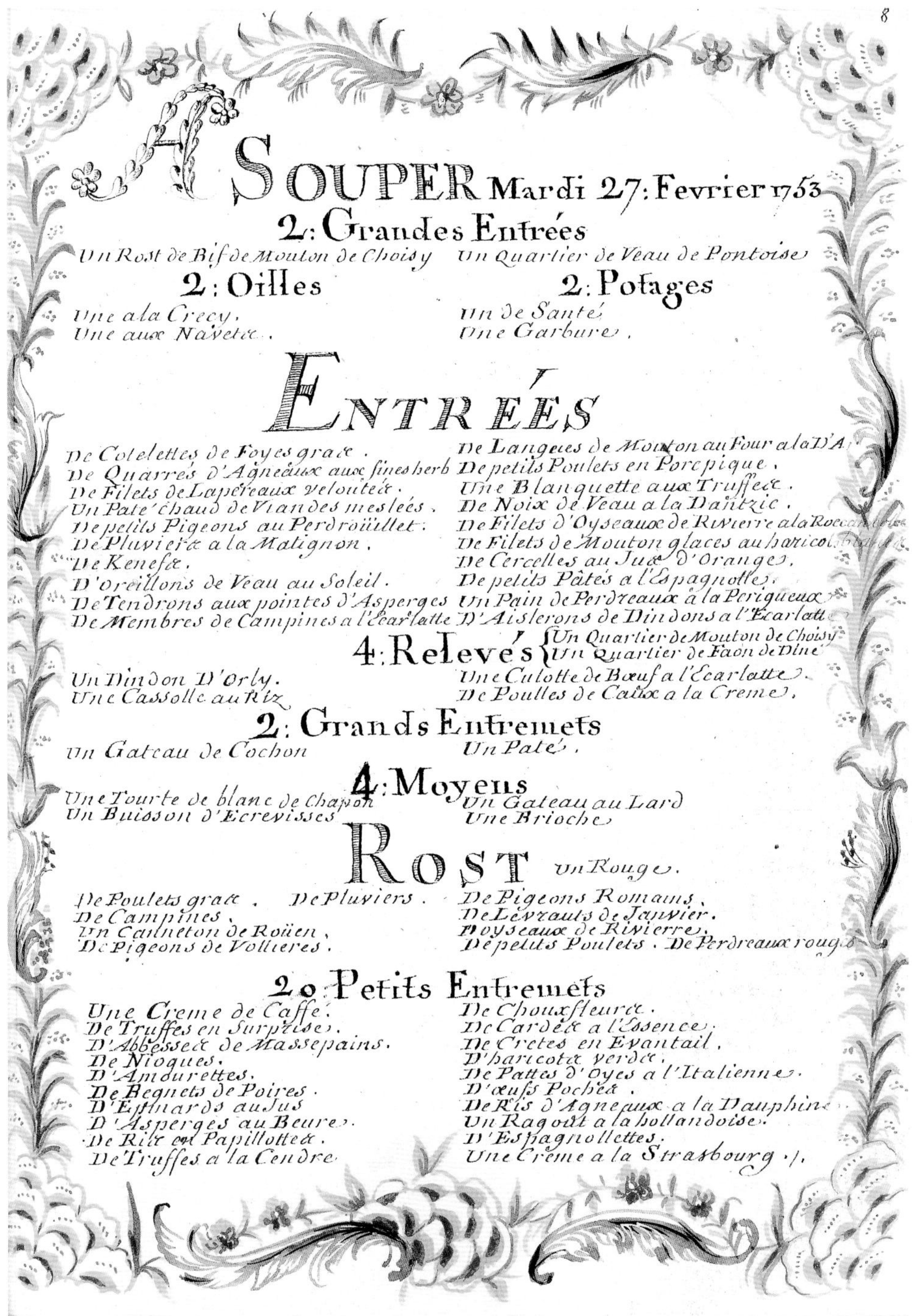

8

A SOUPER Mardi 27: Fevrier 1753

2: Grandes Entrées

Un Rost de Bif de Mouton de Choisy
Un Quartier de Veau de Pontoise

2: Oilles

Une a la Crecy.
Une aux Navets.

2: Potages

Un de Santé
Une Garbure.

ENTRÉES

De Cotelettes de Foyes gras.
De Quarrés d'Agneaux aux fines herb
De Filets de Lapereaux veloutés.
Un Paté chaud de Viandes meslées.
De petits Pigeons au Perdroüillet.
De Pluviers a la Matignon.
De Kenefs.
D'oreillons de Veau au Soleil.
De Tendrons aux pointes d'Asperges
De Membres de Campines a l'Ecarlatte
De Langues de Mouton au Four a la D'A
De petits Poulets en Porcepique.
Une Blanquette aux Truffes.
De Noix de Veau a la Dantzic.
De Filets d'Oyseaux de Rivierre a la Rocambole
De Filets de Mouton glacés au haricot blanc
De Cercelles au Jus d'Oranges.
De petits Pâtés a l'Espagnolle.
Un Pain de Perdreaux a la Perigueux
D'Aislerons de Dindons a l'Ecarlatte

4: Relevés
Un Quartier de Mouton de Choisy
Un Quartier de Faon de Dine

Un Dindon D'Orly.
Une Cassolle au Riz
Une Culotte de Bœuf a l'Ecarlatte.
De Poulles de Caux a la Creme.

2: Grands Entremets

Un Gateau de Cochon
Un Paté.

4: Moyens

Une Tourte de blanc de Chapon
Un Buisson d'Ecrevisses
Un Gateau au Lard
Une Brioche

ROST

Un Rouge.

De Poulets gras. De Pluviers.
De Campines.
Un Caneton de Roüen.
De Pigeons de Vollieres.
De Pigeons Romains.
De Levrauts de Janvier.
D'oyseaux de Rivierre.
De petits Poulets. De Perdreaux rouges

20: Petits Entremets

Une Creme de Caffe.
De Truffes en Surprise.
D'Abbesses de Massepains.
De Nioques.
D'Amourettes.
De Begnets de Poires.
D'Epinards au Jus
D'Asperges au Beurre.
De Riz en Papillottes.
De Truffes a la Cendre
De Chouxfleurs.
De Cardes a l'Essence.
De Cretes en Evantail.
D'haricots verds.
De Pattes d'Oyes a l'Italienne.
D'œufs Pochés.
De Ris d'Agneaux a la Dauphine.
Un Ragout a la hollandoise.
D'Espagnollettes.
Une Creme a la Strasbourg.

《舒瓦齐菜单》（1753 年）

布兰 · 德 · 圣马利（Brain de Sainte-Marie）

《精美的宵夜》（1781 年）

I.-S. 赫尔曼（I.-S. Helman，根据小莫罗的草图所画）

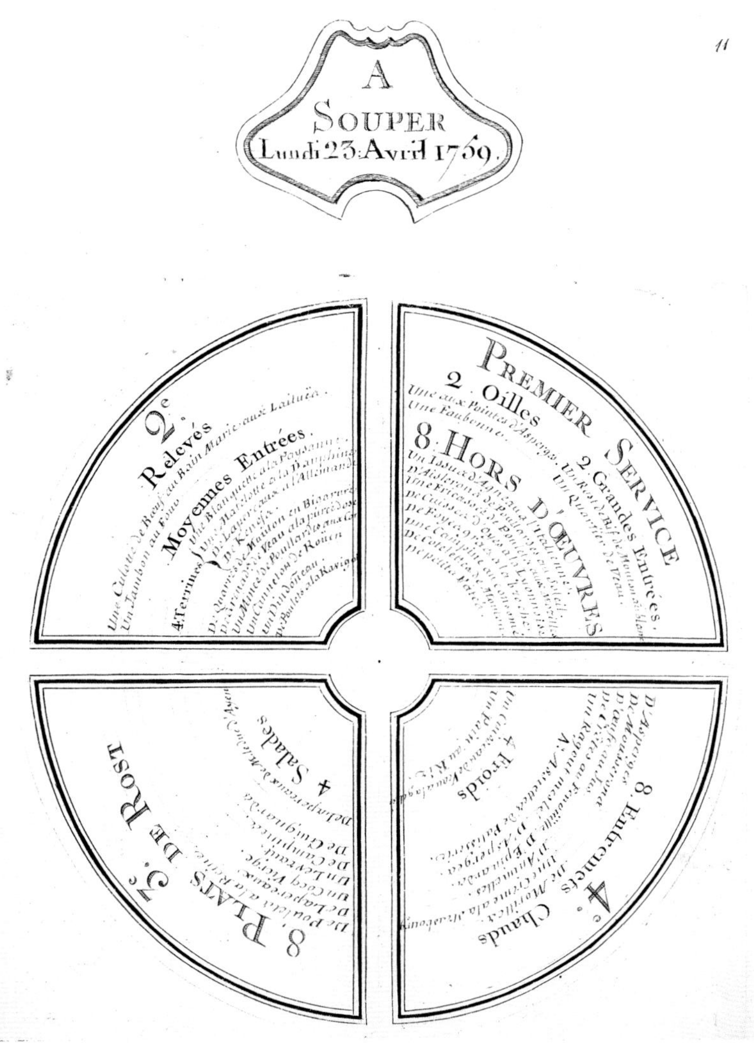

消失在开启的地板下面。在地板之下的那一层，仆人们撤下桌上的菜，再摆好新的菜品，随后用完全的机械装置把桌子升上去。宾客们不再受仆人目光的困扰："他们觉得摆脱了所有拘束，也不会因为被撞见什么而脸红。"

《舒瓦齐的"环形"菜单》（1759 年）
布兰·德·圣马利

匆忙的美食家拿破仑一世

除了必须遵守皇家惯有的礼仪，拿破仑一世的餐盘非常简单：烤鸡、羊排、扁豆、帕尔马干酪通心粉或者酥皮肉饼最常出现。菜单和战时一样简单，最后以一道匆忙进食的甜点和咖啡结尾：为什么要在吃饭上浪费时间？拿破仑用 5 到 10 分钟吃午餐，和皇后用不到一刻钟吃晚餐。周日，母亲和家人的出现使他的用餐时间延长了 5 分钟。

波拿巴喜欢的菜肴具有科西嘉和地中海的传统味道：火鱼、家禽、蔬菜和地方出产的葡萄酒是他的最爱。但是填松露馅的火鸡以及配桂皮土豆泥的黎塞留式香肠最终也获得了他的青睐。

为皇帝做饭的烹饪大师们逐一登场，从 1802 年到 1814 年之间就有 11 位。无论到乡间还是在杜伊勒里宫、圣克卢（Saint-Cloud）、朗布依埃、特里亚侬（Trianon）、马尔梅松（Malmaison），或者他最喜欢的、有时会在此懒散露营的枫丹白露（Fontainebleau），厨师们都会跟随着他，有时是“法兰西糕点业的复兴者”勒博（Lebeau）那样真正的艺术家，有时是后来莫斯科撤退时冻饿而死的拉吉皮埃尔（Laguipière）。国际政治大师塔列朗和司法部长帕尔马公爵冈巴塞雷斯，两位重臣负责组织外交宴会，他们为此招来欧洲最负盛名的厨师，马利—安托瓦纳 · 卡莱姆[39]（Marie-Antoine Carême）。

露营的时候，后勤为参谋部大约 400 人供应食物和酒水。真空罐头的出现令军需供应发生了革命性的改变，以致拿破仑把罐头的发明家尼古拉 · 阿佩尔（Nicolas Appert）称作“人类的恩人”。皇帝有时会把这些罐头带到他的四轮双座篷盖马车上，放在他精巧的便携图书馆旁。1800

39 马利—安托瓦纳 · 卡莱姆（1784—1833），法国著名糕点师和厨师长，首位获得“王之厨师和厨师之王”称号的厨师，曾服务于塔列朗、沙皇亚历山大一世、英国乔治四世以及拿破仑，写过《法兰西烹饪艺术》（*L'Art de la Cuisine française*）等。

年 6 月 14 日，厨师杜楠（Dunand）用皮埃蒙（Piémont）战场附近找到的食材为他准备了一道创新菜：家禽、番茄、蘑菇、百里香、月桂、橄榄配小溪里钓到的螯虾。波拿巴第一次尝试了“马朗戈式”炖鸡。

《奥斯特里茨之战前夜》（1835 年）
佚名

《拿破仑在瓦格拉姆》（1809 年）

本雅明 · 兹克斯（Benjamin Zix）

节日的狂欢

在宫廷组织的大型娱乐活动期间，餐食伴着音乐，
宴会在漫天的烟花和喷泉表演中举行，
人们在奢华的环境中边吃边玩，所有的感官都被调动起来。

在一封著名的写给儿子亨利三世的信中，卡特琳娜·德·美第奇将宫廷娱乐的属性归结为政治活动，首要目的在于令廷臣们“兴高采烈和心无旁骛”，将他们的注意力从其他“危险的”活动中转移出来。

一个世纪之后，路易十四在登基之初就命人将还在装修阶段的凡尔赛改造成盛大的节日场所。当时的史官菲力比安（Félibien）用版画和细腻的描写令年轻的路易十四的这些节日不朽于世，标志着一个终朝宴饮娱乐的世纪的盛大开端。

路易十三曾经的狩猎行宫被勒沃[40]扩建为好几座建筑和一个橘园，莫里哀（Molière）的戏剧和吕利[41]动听的乐章陆续在此上演，并因为供应丰富的餐食而增添了更多乐趣。临近下午结束时，会提供冷肉、馅饼、沙拉、各类肉冻，小杏仁饼和各种口味的蜜饯、水果和果酱出现在小路的拐弯处。周遭环境装饰得极为富丽堂皇，桌上堆满甜食和蜜饯，喷泉矗立其间。通往城堡的道路以勒诺特[42]设计的方式布置，这些可以吃的“法式花园”首先主要是被国王邀请的夫人和小姐们品尝，此后这里便留给贪吃的廷臣们，他们迫不及待地冲向依旧丰盛的剩余美食。这些小食不过是几小时后盛大宴会的序幕，宴会至少要上 5 次菜，每次上 50 道菜，总共是 250 道菜要品尝。

40 路易·勒沃（Louis Le Vau，1612—1670），法国巴洛克建筑师，与人合作设计建造了沃子爵城堡，以及凡尔赛城堡、卢浮宫、法兰西学院所在建筑、圣苏尔皮斯教堂和朗贝尔公馆等。

41 吕利（Jean-Baptiste Lully，1632—1687），法籍意大利作曲家。从宫廷芭蕾舞演员成长为法国歌剧的创始者，代表作有《阿尔西斯特》《爱神与酒神的节日》等。

42 勒诺特（André Le Nôtre，1613—1700），法国最著名的景观园林设计师，与路易·勒沃一起设计了凡尔赛城堡和沃子爵城堡，主要作品还有枫丹白露、杜伊勒里、圣克洛、尚蒂伊等。

《凡尔赛举办的节庆》（1752 年）
“细微的快乐”工坊

《凡尔赛小花园的冷餐》（1752 年）
“细微的快乐”工坊

1682年国王最终安顿在凡尔赛之后，各种娱乐消遣被编入固定的日程，成为廷臣们的日常活动。

除了户外的活动，在凡尔赛称为“套房之夜”的晚间时光从19点到大型宴会之间进行，是举办各种活动的机会。维纳斯厅和丰收厅堆满菜肴和冷饮，冷餐桌上是几小时前刚从国王果园采摘的可口水果，还有大量蜜饯，同时供应包括罗瑟利*和希波克拉**在内的各种酒水饮料。愿意吃喝的人留在这些冷餐专用房间里，其他人醉心于玛尔斯厅里的纸牌、骰子或者围棋。在阿波罗厅，国王的乐队演奏动听的乐曲，人们饮酒跳舞。在这些节庆活动里，廷臣们以国王为首，既是演员又是观众。

在不同类型的餐食中，路易十四时期出现的“混合餐”是临近下午结束时提供的“肉食与水果一起端上的混合餐点”，从头盘到甜点的所有餐食同时端上桌，大篮的应季水果与煨阉鸡并排摆放，炸裹糊洋蓟紧挨着嵌猪油的牛肉片配全羊羔，不要忘记山鹑和烤兔肉、罗勒炖鸽、腌牛肝，间或有果泥、果酱和小杏仁饼。宫廷为宾客提供既可观赏又能饱腹、但却转瞬即逝的真正杰作。

夜间进餐自子夜钟声敲响开始，深受路易十四宫廷的赏识。受西班牙人的启发，这种“半夜餐”用来为节日或者不进食的斋日画上句号。国王每个礼拜六都和德·蒙特斯班（de Montespan）侯爵夫人[43]一起组织这种半夜餐，于是他们也成为强烈好奇心的目标。

音乐同样是宫廷日常生活的组成部分，路易十四终朝在音乐声中度过。音乐为降生或者婚礼这样的重大事件增添气氛，当然还包括出发狩猎、战斗归来以及上菜仪式等场景。国王喜爱德拉兰德[44]的交响乐，有时会边进晚餐边听音乐。

* 以葡萄酒为基础调制的极甜的酒精饮料。

** 用蜜、香料和葡萄酒调制的酒精饮料。

43 德·蒙特斯班侯爵夫人（Françoise-Athénaïs，1640—1707），1667年成为路易十四公开的情妇，为其生育了七个子女。

44 德拉兰德（Michel Richard Delalande，1657—1726），法国巴洛克作曲家，他是法国大经文歌的最重要的作曲家之一，他的管弦乐作品以“国王晚宴交响曲”著称。

两百年之后，到了拿破仑三世时期，凡尔赛重新成为“诱惑享乐之岛”：快乐飞扬的晚餐，为诸如维多利亚女王或者西班牙女王的丈夫弗朗西斯科·德·阿西西（François d’Assise）这样的尊贵客人进行盛大的演出。外国君主的来访使得皇家餐桌上的“异域”菜肴逐渐增多起来。于是，英女王带来的“约克夏布丁”被正式引入法兰西宫廷，还有以大米为基础的土耳其美食、“俄式”松鸡，或者欧仁妮皇后大为赞赏的西班牙食品：火腿、塞馅橄榄和甜柠檬。

皇后的礼拜一大型宴会和尤其受欢迎的化妆舞会在繁忙的日程表上一个接一个，但消遣要多过进食，来宾们或者跳舞，或者在丰盛的冷餐桌前站着进食。在这些假面舞会上，服饰华丽的欧仁妮皇后艳光四射，宾客们跳起四对舞、华尔兹、波尔卡或者沙龙舞，陶醉在闪闪发光的衣料、叮当作响的水晶餐具和开启香槟酒塞的砰砰声中。

意大利式消遣

弗朗索瓦一世在位期间，法国经历了一个富有、繁荣和创造力迅猛发展的时期。新的地平线打开了：人们为意大利的时尚和艺术而狂；发现了新大陆；唾手可得的香料和糖提升了菜肴的口味和香气。国王身边围绕着著名的创造者：列奥纳多·达·芬奇、本韦努托·切利尼[45]（Benvenuto Cellini）、提香（Titien）和普列马提乔[46]都被请到法兰西宫廷工作。国王庞大固埃[47]式的宴会和消遣更加奢华，更加精巧。

寓意深远的炫耀、复杂的场景设计必须折射权力的荣光和宫廷的奢华。列奥纳多·达·芬奇就在昂布瓦兹（Amboise）承办了好几个著名的节日，比如国王侄女的婚礼，还有马里尼亚诺（Marignan）大捷[48]。实际上，他在弗朗索瓦一世身边扮演了多重角色，人们看到的更多是"节日组织者"或者"消遣大师"的角色。他是场景设计师，还要设计舞蹈动作、布景、服装和尤其用来为进餐助兴的装置。根据1490年他在米兰组织的天堂节模式，在戏剧演出中，演员扮成七个星球，表现了星球的运转。列奥纳多1518年6月17日在克洛—吕斯[49]举办的一次露天黄昏娱乐活动"万夜之夜"，令国王和整个宫廷心醉神迷，一座巨大的黑夜帐篷被"堪比白日"之光照耀，亮如白昼。

45 本韦努托·切利尼（1500—1571），意大利文艺复兴时期的金匠、画家、雕塑家和音乐家。1540年随教皇来到弗朗索瓦一世宫廷，留下效力。后失宠，于1545年返回佛罗伦萨。

46 普列马提乔（Francesco Primaticcio, dit Le Primatice，1504—1570），意大利文艺复兴晚期的画家、建筑师和雕塑家，1532年开始效力于弗朗索瓦一世宫廷，是枫丹白露画派的大师。

47 庞大固埃（Pantagruel）是法国作家拉伯雷的作品《巨人传》的主人公，以饮食豪迈著称。

48 法国国王弗朗索瓦一世于1515年9月13—14日与米兰公爵的瑞士雇佣军在伦巴第马里尼亚诺村附近进行的一次战役，大获全胜。

49 克洛—吕斯城堡，位于卢瓦尔河谷中心，离昂布瓦兹皇家城堡只有500米，是达·芬奇生命最后三年的居所。1516年，达·芬奇接受弗朗索瓦一世的邀请，来到这里"自由地幻想、思考和工作"。他在这里最终完成了《蒙娜丽莎》《圣—安娜》《圣—让—巴蒂斯特》和大量法国时期的图纸和草图。

有资料表明，1515 年 7 月，弗朗索瓦一世加冕之后曾在里昂短暂停留，里昂为他举办了晚宴。宴会期间，一只机械狮突然出现。这个由列奥纳多设计的机器人在惊叹不已的宾客中徜徉，它打开的胸前撒落百合花形状的符物——皇权的高傲象征。

《化妆舞会服装》（约 1539 年）
普列马提乔（Le Primatice）

《凡尔赛的消遣》（局部，1676 年）
让 · 勒珀特（Jean Lepautre）

三个宫廷节日

如果说路易十三希望通过在宫廷举办“竞赛、舞会和宴会”解决政府的问题，那么路易十四则选择了在统治期间举办大型节庆活动，以体现他至高无上的政治权力。

一切肇始于1661年8月17日，那天财政大臣尼古拉·富凯（Nicolas Fouquet）在沃子爵城堡[50]举办了堪比宫廷气派的豪华节庆——太投合年轻国王的胃口了，以致日后国王虽镇压了野心勃勃的富凯，却照搬了他的节庆模式。三年之后，路易十四在600位宾客面前主持了他有生以来第一场宏大的节日“魔力岛之趣”。古希腊诸神、宇宙星球和四大元素纷纷登场，环拥着法兰西国王，国王则以阿波罗的形象出现在臣民面前，头上是拉丁铭文Nec cesso nec erro，意为“永不止步，永不徘徊”。

1668年7月18日，路易十四在凡尔赛壮丽的花园里举办了第二次令人难忘的节庆，庆祝兼并佛兰德。晚会开始，所有人沿着龙喷泉和拉托娜水池漫步，随后在以神话为灵感的历史场景中端上餐点。在一张硕大无朋的圆桌上，以完美的顺序摆放着甜点和金银摆件，这是国王的大总管贝勒峰（Bellefonds）的杰作。在这些用鲜花和绿叶装点的菜肴中，可以看到用鲜果、冷肉、焖肉、火腿、雏鸡和乌鸫肉馅饼、杏酱饼和橙香炸糕搭成的金字塔。然后队伍继续前行，在主路交叉处搭起的舞台上，上演了莫里哀的《爱神与巴库斯的节日》以及《狼狈的丈夫》（即《乔治·当丹》）。

50 沃子爵城堡位于巴黎南50公里，建于1658到1661年，曾是尼古拉·富凯的官邸，法国式古典园林的代表之一，由勒沃、勒布伦和勒诺特联手建造。

最后一场大型消遣活动是为了庆祝征服弗朗什—孔代，从 1674 年 7 月 4 日到 8 月 15 日持续了一个多月。在第二天晚上，城堡内院摆出的餐点令宾客们大为赞叹，餐台摆在花坛之上，周围是蜡烛和花环装饰的廊柱，餐台上堆满丰盛的水果、果酱、冷肉和大量装着冰块、液体的水晶瓶。

歌剧演出，戏剧化场景，划贡朵拉出游，嬉水，烟火表演，这些为太阳王的节日晚宴助兴的活动竞相展现豪华与创意，其声名传遍整个世界。

《巴黎市政厅舞会的冷餐》（1745 年）
让—弗朗索瓦 · 布隆代尔

《尚蒂伊的餐点》（局部，1688 年）
贝兰（Berain）和多利瓦尔（Dolivart）

欧仁妮皇后的礼拜一宴会

杜伊勒里宫全年皆会组织晚会：新年宴会，封斋期之前的大型舞会，音乐会，再加上特别是整个严冬以及复活节之后每周四次的大型宴会。除此之外，皇后的礼拜一宴会和为迎接过路王公、外国君主举办的节庆是最能体现组织者个性的机会。

“皇后的礼拜一宴会”体现了第二帝国上流社会极为看重的恩典。女主人在外交官、亲王、著名作家［其中就有宫廷密友梅里美（Mérimée）］和她认识的巴黎上流社会的风云人物中挑选，竟然有600人。在这些晚会中，礼仪并不严格，皇后施展她作为女主人的才华，并让人一窥她的率性。

晚10点之后，皇帝夫妇进入第一执政大厅，所有宾客在这里站立恭候。皇帝和皇后陛下一路向左右分别致意，随后波尔卡和华尔兹轻快的节奏响起。欧仁妮并不跳舞，她待在旁边大门敞开的厅里，被她邀请的宾客和女伴们（王妃、公爵夫人、侯爵夫人和元帅夫人）簇拥着。

拿破仑三世这边，他先与部长或者政治人物单独待在一起，随后投入他喜欢的四对舞或者布朗日舞。

晚餐是在装饰得富丽堂皇的冷餐桌旁站着进行的，可以品尝到冷肉、鹅肝酱、肉冻和果杯、什锦糖果塔、成盘的奶酪、咖啡、烧酒和马拉斯加酸樱桃酒。然而，皇家膳食招待的名声并非极佳：“一桌很实在的菜［……］但是第二流的。”一位有名的宾客这样评论。宴会直到凌晨1点钟才结束。

1867年的万国博览会吸引了三千万观众来到巴黎，此后，“皇后的礼拜一宴会”规模越来越大，杜伊勒里宫为此增加了两个大厅：元帅厅与和平长廊。

《杜伊勒里宫的宵夜》(局部，1867 年)
《插图》

下页 :《玛蒂尔德公主家的宴会》(1854 年)
塞巴斯蒂安—夏尔 · 吉罗(Sébastien-Charles Giraud)

Bibliothèque d'un Gourmand

文学作品摘引

杜伊勒里宫的晚宴

儒安维尔亲王

《暮年回忆录：1818—1848 年》（1894 年）

卡冈杜亚式的盛筵

弗朗索瓦 · 拉伯雷

《卡冈杜亚》（1534 年）

德 · 塞维涅夫人的食单

德 · 塞维涅夫人

《书简集》（1690 年）

别人的喜好

让 · 德 · 拉布吕耶尔

《品格论》（1688—1694 年）

在卡萨诺瓦的餐桌上

贾科莫 · 卡萨诺瓦

《我的一生 II》（1744—1750 年）

在艾玛 · 包法利的婚礼上

居斯塔夫 · 福楼拜

《包法利夫人》（1856 年）

法兰西烹饪的诞生

路易 · 德 · 若古

《狄德罗和达朗贝尔的百科全书》（1754 年）

唯美主义者之言

布里亚—萨瓦兰

《味觉生理学》（1848 年）

杜伊勒里宫的晚宴

儒安维尔（Joinville）亲王是奥尔良公爵的第三子，未来的路易—菲利普。
在回忆录中，他描绘了自己还是个 6 岁小男孩时参加的宫中晚宴。
全家人分食三王来朝饼[51]，年幼的亲王吃到饼中的小瓷人，
他恭敬地献给了路易十六的女儿。

我记得非常清晰的第一件事，是路易十八时代杜伊勒里宫的一次王室晚宴，就在 1824 年“三王来朝节”那一天。66 年之后，直到今天，那一晚的所有细节都历历在目，仿佛就发生在昨天。我们到了杜伊勒里宫［……］，在瑞士卫队震耳的鼓声中，我们在门厅的石阶前下车。让我惊讶的是，在上楼梯的过程中，国王卫队护送“国王的御膳”从首层厨房端上来，我们不得不为他们让路！到了楼上，身穿红色制服的御膳总管招待了我们，有人告诉我他是德 · 高赛（de Cossé）先生。穿过护卫厅，有人引我们进入王室将会齐聚的大厅［……］。接着，国王书房的门打开了，路易十八坐在轮椅上出现了，满头银发，身穿有肩章的蓝色礼服，就是肖像里我们所熟悉的样子。他逐一拥抱了我们每个人，只问了我哥哥内穆尔（Nemours）几句拉丁文学习的情况。内穆尔嗫喏地回答，这时卡里尼昂（Carignan）亲王进来了，及时解了他的围。

晚餐时大家分食三王来朝饼，在打开我那份糕饼时，我找到了小瓷人。我得说这个结果并非完全没有意料到，母亲已经教给我如何做了。等我发现所有人都看着我时，我的局促不安并没有减少。我在桌旁站起身，把小瓷人放在托盘上送给昂古莱姆公爵夫人[52]。我早就满心柔情地爱上这位善良的公爵夫人，在我们很小的时候，她就对我们充满善意，从不忘记送给我们美妙的新年礼物。这种慕孺之情在我成长到足以了解她的不幸和她高贵的人格后更加强烈。1830 年的事件将我们分开后，我是多么高兴能够始终不渝向她表达敬意。我选了她做我的王后，她打破沉寂首先饮了一口酒，路易十八大声说：“王后干杯了！”

儒安维尔亲王

《暮年回忆录：1818—1848 年》（1894 年）

51 根据《圣经》，基督降生后，有三位从东方来的客人去朝拜圣母子，献上带去的羔羊美酒等礼物。后来每年 1 月份的第一个星期日被定为“三王来朝节”。节日食用一种圆形饼状蛋糕，即国王饼，谁在饼里找到小瓷人，谁就可以选择自己的国王或王后。

52 昂古莱姆公爵夫人（Marie Thérèse de France，1778—1851），大革命后，路易十六和玛丽—安托瓦内特唯一幸存的女儿，1799 年嫁给昂古莱姆公爵。

卡冈杜亚式的盛筵*

拉伯雷（François Rabelais）是法兰西早期的文艺复兴作家之一。此处，他如寻常一般夸张。但是这顿礼拜二[53]的油腻进餐是在宫廷进行的。国王大古杰（Grandgousier）和王后佳佳美（Gargamelle）主持了拉伯雷想象中的典型的中世纪盛筵。

牛肠子，是菜牛的大肠。菜牛是圈养的，到草地上放牧，靠两茬青草喂养。所谓两茬青草，亦即一年割两次的草。那一次，总共宰杀了三十六万七千零十四头又肥又大的菜牛，准备在封斋前用盐码上，开春过后，便可有足够的腌牛肉吃了，餐前用腌牛肉当下酒菜是再好没有的了。

大量的肥肠，就如你们猜到的，如此多的贪吃者每个人都舔着手指。但是最吊诡的是，那天烹制的牛肠既多又可口，一个个吃得满嘴流油，又舔舌头又咂嘴。但是，如同魔鬼戏，四鬼同登台，乱了套了。这么多的牛肉如何储存？弄不好，过几天就腐烂变质，那可就麻烦大了。于是便决定把它们一顿消灭光，这样就一点也不会浪费了。因此，桑内、沙伊埃、克莱莫岩、伏科特莱等地的市民，以及古特莱 · 蒙庞西埃、吠岱渡口和邻近乡里，全都受到了邀请。他们全都是能吃能唱的高手，又能舞刀弄棒，义气豪爽。

大古杰更是吃得开心，让大家开怀畅饮，一醉方休。可是，他却劝诫妻子佳佳美少吃为佳，因为临产日子已近，肥牛肠又不是好东西，多吃了有害无益。他说道："粪肠子吃多了，会连带着想吃牛粪的。"佳佳美对丈夫的告诫嗤之以鼻，放开肚皮大吃特吃，竟至吃下十八公担外加两桶零六大盆的肥牛肠。这么多造粪的玩意儿下肚，那还了得！

弗朗索瓦 · 拉伯雷

《卡冈杜亚》（1534 年）

* 此篇原文为古法语，译文采用译林版《巨人传》（陈筱卿译）的译文。

53 在复活节前、封斋期的头一天，人们尽情大吃大喝，此后进入 40 天的封斋期直至复活节。

德 · 塞维涅夫人的食单

德 · 塞维涅夫人（de Sévigné）的食单是多么动人！
当然，她写的只是封斋期的素简食单，但在 64 岁高龄，
她仍骄傲于还能在黄油上咬出牙印，
这在与她同龄的女性中是极罕见的。

致德 · 格里尼昂夫人[54]，于罗歇尔，1690 年 2 月 19 日，礼拜日

如果您看到我，我亲爱的美人儿，您肯定会命令我禁食。不过，既然我没有任何身体的不适，您会像我一样相信，上帝给予我如此完美的健康就是为了让我遵守教会的日常生活建议。我们做美味的食物，这里没有索尔格河，但是有大海，所以我们不缺鱼。我特别喜欢每周都会送来的拉培瓦莱的黄油，吃得像个布列塔尼人。我们准备了大量涂黄油的面包片，一边吃一边想着您。我儿子喜欢在上面留下牙印，令我高兴的是，我也能在黄油上咬出牙印，我们还会在上面加一些细碎的香草和紫罗兰。晚上则入乡随俗，做一锅加少量黄油、好多李子干和菠菜的汤。不过，这不是守斋，我们羞愧地说：要完全遵守教会的规定真不容易！但是为什么您会说牛奶咖啡不好？是因为您讨厌牛奶吧？您认为不加牛奶的咖啡是世界上最美味的东西。礼拜日上午我愉快地喝了牛奶咖啡。您说牛奶咖啡对帮助一位可怜的肺病患者苟延残喘下去有好处，以为这样说就能贬低它。可这是无上的赞美，如果说它能让垂死之人活下去，它同样会让一个健康状况良好的人活得更加愉快。

德 · 塞维涅夫人
《书简集》（1690 年）

54 格里尼昂夫人（Françoise de Grignan），即塞维涅夫人的女儿。

别人的喜好*

拉布吕耶尔（Jean de La Bruyère），敏锐的社会观察家，
在《品格论》中描述了人们在餐桌和其他地方如何按照当下的时尚伪装
自己的好恶。这位李子的“爱好者”不由让我们想到，
多亏园艺师拉坎蒂尼的努力，水果最终为宫廷所欣赏。

“论时尚”

［……］跟他说无花果和甜瓜，告诉他今年累累果实压断了梨枝，桃子也大丰收了，这等于对他说一种听不懂的方言。他只想着李子，根本不会回答您。您甚至别跟他谈论您的李子，因为他只喜欢某一种李子，您对他提其他李子会让他嗤笑，他也不会放在眼里。他把您带到树前，优雅地摘下一颗精致的李子，然后掰开李子，给您一半，自己吃下另一半：“多么美味！”他说，“您尝到了吧？妙极了不是吗？您在别的地方找不到的。”说到此处，他的鼻孔张大了起来，好不容易才用几句谦虚话掩饰住自己的快乐和得意。真是个人才啊！再如何称赞和溢美都不为过！几个世纪以后还会有人谈论到他。让我在他的有生之年看看他的身体和面庞，芸芸众生中唯一拥有这棵李树的人啊，让我好好看看他的脸和举止吧！

“论社交与言谈”

为别人举办的酒席和宴会，送给别人的礼物，为别人带来的乐趣，这中间有的对受赠人有用处，有的合乎他们的品味，后者更可取。

让·德·拉布吕耶尔
《品格论》（1688—1694年）

* 参考花城出版社的梁守锵译本。

在卡萨诺瓦的餐桌上

贾科莫·卡萨诺瓦[55]旅行至布吕尔（Brühl），住在科隆选帝侯家中。
他为此地的上流社会举办了一次豪华宴会，
显露出他对奢华的喜好，其中就有他酷爱的三大美食：
壮阳的牡蛎、松露和葡萄酒。

喝完20瓶香槟的时候，宾客们才停止食用来自英国的牡蛎。晚宴开始的时候，人们已经半醉了。这场由无数道头盘组成的晚宴极为讲究，所有人根本不喝水，因为莱茵葡萄酒和托卡伊酒一点儿都不上头。在甜点之前，端上来一大盘烩松露。我极力劝客人们痛饮马拉斯加酸樱桃酒，于是盘子也见底了。

“这酒跟水一样”，女士们说，她们喝起酒来也像喝水一样。甜点非常棒。所有出现在欧洲君主肖像上的人物都出席了，大家对在场的行政长官恭维不休，他被捧得忘乎所以，说将美味佳肴馈赠给众人，于是人们纷纷将其装入囊中。这时将军说了一句蠢话，人群爆发一阵哄笑。

“我敢肯定，”他说，“这是选帝侯殿下给我们玩的把戏。殿下希望匿名举办宴会，卡萨诺瓦先生倾力为亲王效劳。”众人的阵阵哄笑，给了我思考如何回应的时间。

“我的将军，”我一脸谦逊地对他说，“如果选帝侯殿下对我下过这样的命令，我必会遵从，但这将是对我的侮辱。殿下希望赐我一个更大的恩惠，就是这个。”说着我把在桌上被众人用过两三遍的鼻烟盒塞到他手里。

人们站起身，非常惊讶地发现在餐桌旁已度过了三个小时。

贾科莫·卡萨诺瓦
《我的一生 II》（1744—1750年）

55 贾科莫·卡萨诺瓦（Giacomo Girolamo Casanova，1725—1798），极富传奇色彩的意大利冒险家、作家、“情圣”，晚年写作《我的一生》。

在艾玛·包法利的婚礼上*

与糕点业的翘楚马利—安托瓦纳 · 卡莱姆设计的蛋糕一样，艾玛 · 包法利婚礼上的多层蛋糕以其多层结构和丰富的装饰，成为法兰西糕点最出色的文学证明。卡莱姆设计的蛋糕令塔列朗和罗斯柴尔德（Rothschild）家族大为倾倒。

他们还从伊夫托请了一位糕点师傅，专做馅饼和牛轧糖。因为他在当地才初露头角，所以非常用心。上点心的时候，他亲自端出一个多层奶油大蛋糕，大家都惊叫起来。首先，底层是一块方方的蓝色硬纸板，剪成一座有门廊、圆柱的庙宇，四周的门洞当中有面粉捏的塑像，上面撒了金纸剪的星星。其次，第二层是个萨瓦式大蛋糕，中间堆起一座城堡，周围是白芷、杏仁、葡萄干、橘块精制的玲珑碉楼。最后，上面一层是绿油油的一片草地，有山石，有果酱做的湖泊，有榛子壳做的小船，还看得见一个小爱神在打秋千，秋千架是巧克力做的，两边柱头各有一朵真正的玫瑰花蕾。

居斯塔夫 · 福楼拜

《包法利夫人》（1856 年）

* 参考再译本。

法兰西烹饪的诞生

哲学家路易·德·若古[56]，被遗忘的百科全书主要作者之一，
在词条“烹饪”中阐述了法国餐桌历史的关键路径：
在 17 世纪这个时间节点上，法国烹饪跳出了过去的历史尤其是
意大利烹饪的窠臼，走向创新。

“烹饪”

意大利人继承了罗马烹饪余韵中的上品，是他们让法国人懂得了什么是美味佳肴，以致我们好几位国王不得不颁布诏令压制奢靡之风。但是到亨利二世时代，美食战胜了法令。跟随卡特琳娜·德·美第奇远嫁的山那边的厨师来到法国站住了脚跟，除此以外我们没为这群酷爱享受的意大利人做过什么。

蒙田说，我见过一位曾为红衣主教卡拉夫（Caraffe）效力的厨师，他以威严和庄重的语气对我大谈这种舌尖上的艺术，就如同他在谈论神学的某些重大理论。他跟我分析不同的食欲类型，空腹时的食欲，还有在上了第二、第三道菜之后如何取悦、唤醒和挑起食欲的办法。他说调味汁是重中之重，要细化调味成分的品质和效果。再有，根据不同需要搭配不同的沙拉，沙拉的摆盘要使它看上去更为悦目。随后他开始具体讲述上菜的顺序，每一句都经过深思熟虑。他侃侃而谈，言词滔滔，听者甚至会以为他在探讨帝国政府的治理。[……]

法国人掌握了每种杂烩的主要味道，他们很快就超越了自己的师傅，应了那句俗话：教会徒弟，饿死师傅。从此以后，就是对自己发起重要的挑战，没有比看着自己烹制的美味胜过其他富庶王国，进而从北到南一统天下更开心的了。

路易·德·若古
《狄德罗和达朗贝尔的百科全书》（1754 年）

56 路易·德·若古（Louis de Jaucourt, 1704—1779），为百科全书义务创作了 18000 多个哲学、化学、植物、病理、政治、历史等词条，约占全书的四分之一。

唯美主义者之言*

美食家布里亚—萨瓦兰[57]（Brillat-Savarin）严肃、
深入而幽默地写下关于餐桌和味道的思考。
他为精致和优雅的厨艺站台，
揭示了进食的社会意义。

论好吃

55. —我查遍了词典中“好吃”这个词条，但从没找到满意的解释。

词典中总是将本义上的好吃与贪吃和食量大混为一谈，由此我得出结论，虽然词汇学家们在其他领域非常值得钦佩，但在美食方面，他们远不如那些轻松优雅地嚼着浇奶油汁的山鹑翅膀、翘着兰花指举杯喝下拉菲或者伏旧园（clos Vougeot）葡萄酒的可爱学者们。

词汇学家们忘记了，彻底忘怀了上流社会的美食集雅典之优雅、罗马之豪奢和法国之细腻于一身，兼备高明的料理方法、精心的烹制过程、用心的品尝和明智的鉴别，其高贵的品质可以称之为“美德”，为我们带来最纯粹的快乐。

贪吃美人的肖像

58. —爱吃绝不是男性的专利，美食完全适合女性娇嫩的消化器官，为她们带来的享受在一定程度上弥补了社会习俗带给她们的约束以及她们生理上的天然不便之处。

全身心投入美食的丽人绝对是一道赏心悦目的风景：胸前围着餐巾，一只手放在餐桌上，另一只手将切下的精巧食物放入嘴里，或者轻咬着山鹑的翅膀。她双眼泛着水泽，双唇闪亮，谈吐宜人，举止优雅，也不乏些许女性惯有的娇态。有了这些妙处，她实在就是尤物，即使是罗马检察官加图（Caton）本人也很难不被打动。

布里亚—萨瓦兰
《味觉生理学》（1848 年）

* 参考译林出版社 2013 年译本。

57 布里亚—萨瓦兰（1755—1826），法国美食家，《味觉生理学》（*La Physiologie du goût*）作者。

6
1
5
2
4
11

美味珍馐

肉食和鱼类

皇家焖野兔

鲟鱼的故事

珍奇的飞禽

熟吃还是生吃?

一份美食嫁妆

绿色蔬菜热

插在扣眼里的花

糕点和甜食

糖与蜜

冰淇淋与果汁冰沙

玛德莱娜点心与国王斯坦尼斯拉斯

为菜肴提香的艺术

动物性香料

珍贵的胡椒

一滴值千金

大人们喝什么

巧克力出现了

香槟!

拿破仑一世与香贝坦

《甜食商》(局部,约1730年)

马丁·恩格布莱希特(Martin Engelbrecht)

举办宫廷宴会，必然要有厨房、厨师、宴会大厅和服侍君王的一干人等，但最主要的是高品质的食物。能彰显宫廷气派的自然是既稀罕又昂贵的菜肴。从文艺复兴到19世纪，菜单的内容和烹制方式都经历了根本性的变革。弗朗索瓦一世或者亨利四世的餐桌与圣路易[1]（Saint Louis）的还相差不大，大块野味是一餐饭的主菜，其中大部分用来烧烤，少部分用于炖煮。宫廷饮食喜欢选用珍稀动物：野猪、雉鸡、天鹅和孔雀成为廷臣们餐桌上的主要菜肴。

当时法国国王的餐桌与中世纪的餐桌非常近似，同时还必须强调，整个欧洲的饮食口味都差不多：亨利三世的膳食几乎与英格兰的伊丽莎白一世[2]（Élizabeth Ire）、西班牙的腓力二世[3]（Philippe II）和神圣罗马帝国的教皇和国王一样，烹调的差异主要在于使用了多少香料。实际上，16世纪已经是一个“全球化”的世纪：马赛、威尼斯、安特卫普、伦敦的港口运来世界各地的胡椒、桂皮、姜、豆蔻和丁香。如果使用一个超前于时代的词，那么几乎可以将文艺复兴时期的食物定性为世界性食物！各地虽然也有一些差异，但是欧洲重要餐桌的烹饪原则都是一样的。因为美第奇家族的缘故，意大利向法国输出了几种新奇的食物——主要是洋蓟、甜瓜这样的蔬菜和水果，当然还有小杏仁饼和果汁冰沙这类甜品。不过，总体而言，文艺复兴时期法国国王的饮食没有发生太大变化。

长久以来，欧洲的食单里引入美洲食物被认为是一场烹饪革命，但事实却大相径庭。的确，菜豆、西红柿、玉米，还有后来的马铃薯丰富了欧洲人的味觉，增添了风味，然而，显然烹制这些美洲食物的方式本身更能

1 法国国王路易九世（1214—1270），被尊为“圣路易”，法国卡佩王朝第九任国王，1226—1270年在位。

2 伊丽莎白一世（Élizabeth I，1533—1603），伊丽莎白·都铎（Élizabeth Tudor），是都铎王朝最后一位君主，英格兰与爱尔兰的女王（1558—1603年在位），也是名义上的法国女王。

3 腓力二世（1527—1598），哈布斯堡王朝的西班牙国王（1556—1598年在位）和葡萄牙国王（称菲利普一世 Philip I，1580—1598），不要与前文中的法国奥尔良公爵腓力二世（Philippe II，1674—1723）混淆。

《纳索—伊茨泰因收藏选》（局部，1662—1665年）
约翰·沃尔特（Johann Walter）

下页：《水果蔬菜商贩》（局部，1630年）
露易丝·莫蓉（Louise Moillon）

《布里亚—萨瓦兰的箴言》(1905 年)
阿尔贝 · 洛必达(Albert Robida)

将它们与欧洲传统的白菜、萝卜和韭葱区分开。

再贴近观察，就会注意到厨房里的细微变化……早在亨利四世时代，芦笋就已是美味，这是有史以来第一次，一种蔬菜单独成为了一道宫廷菜！

厨房与政治有时会惊人地相似，比如，17 世纪上半叶就可以定义为厨房的投石党运动[4]。当时，宫廷御膳房争论的焦点问题是：大量用香料还是少用为佳？水果煮熟吃还是生吃？烹饪理念是以复杂还是简单为上？食物的加工应该注重工序的繁复还是发掘食物本身的味道？

4 投石党运动(la Fronde，1648—1653)，是路易十四登基初年，巴黎市民反对马萨林横征暴敛、反对专制王权的政治运动。

于是，对饮食观念的理解发生了彻底改变。先是宫廷里，太阳王的餐桌上诞生了将发生巨大影响的“法兰西烹饪”艺术，御膳房里上演着与文学界或歌剧界同样的情形，法兰西的创新及其影响无远弗届。在艺术方面，弗朗索瓦·芒萨尔[5]（François Mansart）和路易·勒沃为欧洲带来独一无二的建筑风格。安德烈·勒诺特在创建了国王菜园的拉坎蒂尼的帮助下整饬和规治了凡尔赛的花园。让—巴蒂斯特·吕利献上抒情悲剧这种新的歌剧形式。当时巴洛克正风行欧洲，路易十四则选择为法国古典主义站台。在烹饪方面，古典主义的品位一直延伸到御膳房，厨师们很少用（或者不用）香料，从来不超过两种，倾向于选择更温和的香料来为菜肴提香，意在尽量保留食物的本味。胡椒一直是最受偏爱的调味品，现在它只与分葱、洋葱或者葱一起搭配，此外不再添加丁香或者豆蔻。香辛料良好的储存功能曾经成为其在厨房立足的主要原因，而现在则成为它们日渐失宠的原因：它的防腐功能越来越没有用武之地了。蔬菜逐渐受到与肉食和鱼类同样的重视。令瓦卢瓦宫廷大为赞赏的白葡萄酒或者浅色葡萄酒，如今被掺少量水的红葡萄酒、香槟或者勃艮第葡萄酒代替，但不再添加蜜和香草。黄油替代了面包心和杏仁奶为调味汁增稠，竟至发展成调味汁的核心成分。此后，君王餐桌上的菜肴以精美而不是数量著称，虽然路易十四仍为盛宴保留了一席之地。

一些来自遥远国度的食物获得巨大成功，糖在进口食品中占据重要地位，并为南特人和波尔多人的财富积累贡献良多。咖啡、茶叶和巧克力无论在凡尔赛宫廷还是贵族沙龙里都是有品位的。路易十五喜欢亲自动手调制并为客人端上热饮。为了炫耀自己的权力和财富，路易十四喜欢豪饮来自全世界的名酒，其中就有著名的匈牙利托卡伊利口酒。不过，国王餐桌上的主要食物来自外省：朗布依埃和枫丹白露的野味，都兰和孔泰山谷的奶酪，阿尔萨斯、卢瓦尔和罗讷河的葡萄酒……法兰西美食特产的地图开始浮现。

5　弗朗索瓦·芒萨尔（1598—1666），17 世纪中叶法国巴洛克建筑风格时期，建立古典主义风格的主要建筑师。芒萨尔式屋顶因他而得名和广为传播。

启蒙世纪将法国烹饪的重要原则加以合理化和体系化，称为“高级烹饪”。这种对精致的追求，无论在特别私密的晚餐上，还是在食物的烹制环节，都表现得非常明显。皇后酥饼[6]、松露炖鸡代替了大型野味，家禽、上等猪肉、牡蛎和蘑菇令无论摄政王还是随后路易十五、路易十六的进餐变得轻松愉快。高超的厨艺往往能带来味道的神秘变化，烹调变得标准化了。御厨们使用“汁”和“高汤”来追求食物的芬芳精华。厨师和助手们用好几个钟头炮制这些缓慢浓缩的汤，用加热成橙红色的黄油为酱汁增色，用火腿汁或者蘑菇汁给调味汁提香，用奶油调和酱汁。有时需要用大量的牛肉烹煮高汤，以便为烤肉增加香味。蛋黄酱和奶油汁终于独立出来，同时固定下来的还有各种调味汁的拼写法和制作方法。

法国大革命推翻了专制，它所造成的断裂甚至延伸到厨房。国王的餐桌为所有美食爱好者带来巨大的影响，而共和国终结了这个传统。宫廷彻底失去了引领餐桌风尚的特权。不过，因为旧制度的幸存者尚在，还可以维系一丝幻觉。塔列朗和冈巴塞雷斯以自己的方式传承宫廷的厨艺，安托瓦纳·卡莱姆、格里莫·德·拉雷尼埃尔[7]（Grimod de La Reynière）或者布里亚—萨瓦兰证明了自家餐馆有多么出色。但这不过是宫廷高级烹饪的回光返照。美食作为“调理脾胃的艺术”出现时［“美食（la gastronomie）”这个词出现于1800年］，巴黎代替凡尔赛成为餐桌美食的中心。国家的精英不再是贵族而是资产阶级。这个根本性的趋势催生了新的厨房艺术家：餐馆厨师长。

尽管后来帝国和皇家仍然努力重建君王餐桌的荣耀，然而从此以后，大餐馆已成为了法兰西烹饪精髓的代表。当然必须承认，两位拿破仑都没有品尝美食的舌头，路易十八既懂美食又贪吃，是一个特例，而路易—菲利普则无论在政治上还是在餐桌上都是个市民国王。杜伊勒里宫端上的膳食，食物的品质当然绝佳，不过却散发出巴尔扎克笔下公证人的气息。19世纪同样是外省厨艺得到确认的世纪，这是宫廷丧失餐桌权威的另一个信

6　皇后酥饼，一种以酱汁白肉为馅的酥皮饼。

7　格里莫·德·拉雷尼埃尔（1758—1837），被认为是与布里亚—萨瓦兰一样奠定了西方现代美食基础的人之一。出版了最早的美食指南《美食家日历》（*Almanach des Gourmands*）。

《法兰西美食地图》（1810 年）

海因里希 · 奥古斯特 · 奥托卡 · 瑞查德（Heinrich August Ottokar Reichard）

POMONA
GALLICA

号，有点儿像今天的意大利。从文艺复兴开始，意大利的亲王们开始吃 alla fiorentina, alla bolognese, alla milanese（佛罗伦萨菜、博洛尼亚菜、米兰菜）。1860 年的法国美食家已经可以随时吃到诺曼底牛肉片或者佩里戈尔野兔肉馅饼[8]。

然而从美食角度而言，虽然 19 世纪餐馆占统治地位，但还是应该感谢君王们。应拿破仑三世的要求，同时也为了 1855 年的万国博览会做准备，法国建立了波尔多名酒等级制度。在眼花缭乱的政变和革命之后，这是对波雅克（Pauillac）、梅多克（Médoc）和格拉夫（Graves）葡萄园这些贵族最后堡垒的最终认可。

宫廷的筵席被共和国宴会、随后是爱丽舍宫的菜单所替代，后者则受从奥古斯特 · 埃斯科菲耶[9]（Auguste Escoffier）到保罗 · 博库斯[10]（Paul Bocuse）这些掌控厨房的著名主厨的影响。那么，国王的口味还留下些什么呢？首先是几个美食的标志性象征：只消想想巴黎人过节时的“法式”餐桌，就会想到香槟、鹅肝、牡蛎、松露。顺着寻找优质食品的线索，我们便可以大致勾勒出葡萄园和绝大部分原产地命名控制[11]（AOC）食品的地图。不过我们更应该为简单、日常的饮食乐趣而欢呼。亨利四世的芦笋，路易十四的豌豆，路易十五的橙子，拿破仑的马朗戈式炖鸡，都可以成为追溯历史的桥梁和细小的历史切片，如今这些菜肴每天盛在我们的盘子里，占据着我们的餐桌。

8 法国佩里戈尔地区的地方菜肴，以鹅肝、松露和野兔肉为馅料。

9 奥古斯特 · 埃斯科菲耶（1846—1935），法国著名厨师，被誉为“国王的厨师，厨师之王”。

10 保罗 · 博库斯（1926— ），法国和世界著名厨师，1965 年起被评为米其林三星主厨，1987 年创办了博库斯世界烹饪金奖大赛。

11 原产地命名控制（Appellation d'Origine Controlée，AOC），是欧洲传统食品的产品地理标志，保障范围涉及葡萄酒、苹果酒、水果、蔬菜、奶制品等的质量、特性、产地和生产者的制作工艺。

《果树的论著》（局部，1768 年）
亨利—路易 · 杜阿梅尔 · 杜蒙索（Henri-Louis Duhamel du Monceau）

《蔬菜插图》（约 1855 年）

见《维尔莫兰画册》

Album Vilmorin
N° 9 1858
1
2
3
4
5
6
7
Peint par Mlle Coutance et lith par Mme Eliza Champin
1. Choufleur demi dur de Paris.
2. Betterave disette blanche.
3. Pomme de terre Chave.
4. id jaune longue de hollande.
5. Cerfeuil tubéreux.
6. Chou marin ou Crambé.
7. Patisson jaune et panaché.
VILMORIN ANDRIEUX & Cie.
Mds Grainiers
Quai de la Mégisserie 30.
PARIS.

肉食和鱼类

作为最负盛名的菜肴，肉食和鱼类在国王的餐桌上难分胜负。有时食品词汇所指称的内容还会变化，比如海狸或者鸭子在斋日的菜谱里会变成“鱼”。

最初，“肉（viande）”这个词比今天的含义要宽泛得多。它指生存必需的所有食物。于是，当人们去厨房找菜就说“去找肉”，“国王的肉”是指君王的御膳。随着斗转星移，这个词的意义固定下来。在最初的含义演变中，它指餐食的主要部分，包括封斋期的米饭。随后，这个词用于指称肉类食物，也包含鱼、虾和贝类。只是到了19世纪，这个词才具有了现在的意义，仅限于肉店所买的肉类。

整个16世纪，国王的餐桌保留了中世纪的习惯。肉类主要用于烤和炖煮。最负盛名的菜肴是包括飞禽走兽在内的野味，个中翘楚是野猪，搭配天鹅或者雉鸡这样名声很大的野禽，饲养的动物被认为是市民甚至乡野人吃的，就算弗朗索瓦一世喜欢吃牛肉也不能改变什么。亨利四世则酷爱银塔旅馆的野鹭肉馅饼。

后来，宫廷里出现大量的意大利人，使得饮食习惯发生了些许改变。如果说餐桌上的大块烤肉是主菜，也出现了杂烩或者简单的烧煮菜肴。肠、肠衣、肉卷和肉馅获得了贵人的认可。当时的人酷爱吃下水。卡特琳娜·德·美第奇喜欢吃鸡冠、脑髓和肝。因为可以大量使用调料和香料，厨师们毫不犹豫地将不同肉类混在一起烹煮。

路易十四时代，烹制肉类的方式发生巨大变化。人们学会了如何保存鲜肉，香辛料变得很常见，没那么受重视了。美食家L. S. R.[12]在出版于1674年的《烹饪的艺术》（*L'Art de bien Traiter*）中明确指出：“肉食垒成的金字塔、加浓郁香料的肉汤和浓羹荣光不再。今天（占上风的）是上选

12 生平不详，只知道他曾在枫丹白露城堡和沃子爵城堡任职，著有《烹饪的艺术》一书。

《豪华的菜肴》(1867 年)
堆成龟状的牛头肉，田园牛里脊
右页：戈达式炖鸡，香堡式鲑鱼
于勒·谷菲(Jules Gouffé)

的肉类和精细的调味，每一样肉食都要单独烹制。”家禽过去不怎么受重视，如今却风行起来，因为国王特别欣赏禽肉。路易十四还让人在凡尔赛养殖火鸡，他会亲自关注火鸡上膘的情况。有一天，因为觉得火鸡繁殖得不够多，他召来养鸡场的总管："总管，如果您无法提高火鸡的产量，我就把您撕碎扔到火鸡圈里。"

18世纪，家禽和野味是国王餐桌上的主角，来宾们通常会品尝到阉鸡、雏鸡、鹌鹑和松鸡[13]。这个时期，阿尔萨斯的鹅肝——法国美食的精华之一——被引入路易十六的宫廷。总体来说，猪肉食品非常受欢迎，比如大量食用的猪肉馅饼，还有奥尔泰（Orthez）和巴约讷（Bayonne）的火腿、巴耶（Bayeux）和特鲁瓦（Troyes）的香肠。

随后一个世纪，风向变了。此后，地域与著名餐馆成为表率并影响帝国和王室的餐桌，制造出顶级美食系列，比如马朗戈式炖鸡、罗西尼牛排[14]。鱼（或者是被认定为"鱼"的食材）成为斋日的基本食品。当时，可以在封斋期食用鲸鱼和鼠海豚，因为人们不知道它们属于哺乳动物。但是还有更奇特的例外：16世纪，允许在斋日食用海狸和海豹。同样，吃野鸭也是可以的。教会善意地闭上眼睛：怎么说，家禽难道不是生活在水上吗？

文艺复兴时期，国王的餐桌上装点着来自大海的鱼类：地中海的沙丁鱼、海鳗和金枪鱼，大西洋的鳕鱼、鳎鱼和鲭鱼。人们也没有跟河鲜翻脸，最受欢迎的是鳝鱼、七鳃鳗，尤其是鲟鱼和"白斑狗鱼"（grans loups d'eau）。唯一经常食用的甲壳类是螯虾。

到了伟大的世纪，法国人对海鲜的好奇越来越强烈，螯虾、龙虾和螃

13 走禽，主要生活在松、杉等针叶林地带。

14 以意大利作曲家焦阿基诺·罗西尼（Gioachino Rossini）命名的牛排，嫩牛排与鹅肝做成的一道菜。

蟹被认为是精美的菜肴。做成汤的乌龟，因为稀有而成为大人物的禁脔。但在路易十四和他的继任者治下，牡蛎大获全胜。这是一种非常昂贵的食材，因为它很娇贵，不易运输。然而到了18世纪，牡蛎成为高尚晚宴不可或缺的菜肴，无疑也因为臆想中牡蛎的春药功效！

大革命之后，斋日的传统趋于消失。法国人不再因为守斋、更多是为了贪吃而大量消费鱼类和甲壳类食物，于是在第二帝国期间形成了某些著名的美食传统，比如美式龙虾就出现在著名餐馆的菜单里。和肉类菜肴的命运一样，从此以后是餐馆起决定作用，而不再是帝国宫廷。

《静物，死兔》
弗朗索瓦·德珀尔特（François Desportes，不确定）

皇家焖野兔[15]

皇家焖野兔的做法来源不明。为了这道野味，法兰西经典美食极少如此耗费笔墨，也很难分清哪些是史实、哪些是传说。这道菜谱第一次出现在一位名叫莫侬（Menon）的厨师1755年写的《宫廷晚宴》（*Soupers de la cour*）中，人们对作者几乎一无所知。但当时这道菜还不叫这个名字。菜谱被塔列朗的厨师、著名的安托瓦纳 · 卡莱姆发掘出来。做法很简单，野兔被焖到可以用勺舀着吃的地步。然而还是存在两种做法：一种是普瓦图式，野味被做成肉泥，加入分葱、蒜头一起食用。另一种是佩里戈尔式，配上鹅肝和松露。这两个派别因一次著名的美食辩论而诞生，挑起厨师长们没完没了的争论，直至保罗 · 博库斯时代仍旧没有终结。

但是“皇家”指什么？关于这个问题，还是有两种理论相互对立。最著名的理论认为菜谱是为太阳王这位大胃王、野味的狂热爱好者设计的。他的一生都被牙齿问题困扰。1685年，因为牙医误拔了他的牙齿，他甚至失去了一部分味觉。口气不好，反复化脓，喝下的饮料会从鼻子里流出来，剩下的牙齿也被逐个拔掉了，他统治的后三十年似乎就是牙医的噩梦。最后一颗残牙在1715年被拔除，他去世时已经没有一颗牙了。即使在这些令人着恼的治疗之后，国王还是希望能吃所有食物，这就是为什么他的厨师们采用煮的方式和炖煮的菜谱，这样可以避免陛下咀嚼。

或者，与路易十六有关？众所周知，这位国王热衷狩猎，他特别喜欢吃野味。这道菜完全可以加上这位君王的名字以表对他的敬意。我们永远不会有定论，这对路易十五时期拟定的菜谱来说是很少见的。

15 皇家焖野兔，是法国美食的标志性菜肴，代表做法是用葡萄酒焖煮塞了鹅肝、下水和松露的野兔。

鲟鱼的故事

如果说今天的鲟鱼尤其以鱼子（鱼子酱）而为人所知，19 世纪则是鱼肉名气更大。大仲马（Alexandre Dumas）在他的《美食大辞典》（*Grand dictionnaire de cuisine*）中讲述过发生在冈巴塞雷斯——拿破仑一世的重要合作者身上饶有趣味的故事：

> 有一天，司法大臣冈巴塞雷斯与缪拉（Murat）、朱诺（Junot）、M. 德 · 库塞（M. de Cussy）和 M. 塔列朗先生争论不休。就在大型宴会的这一天，国王收到两条巨大无比的鲟鱼，一条重 162 古斤，另一条 187 古斤[16]。
>
> 膳食总管觉得应该将这个重大情况向陛下汇报，如果两条鲟鱼都吃的话，显然哪一条都会影响另一条的效果，如果只吃一条，第二条就会浪费掉，而且，总不能连着两天为陛下的宾客提供同样的鱼吧。
>
> 冈巴塞雷斯和膳食总管关在办公室里，一刻钟之后，他神采奕奕地走了出来。
>
> 实际上，他们找到一个迂回的办法，如果说不能两条都吃，但至少可以一起端上来，虽然为了第二条而牺牲了第一条，不过却是以表达对陛下餐桌最大敬意的方式牺牲第一条。这就是大人和膳食总管想出的办法：
>
> 鲟鱼应该在汤之后、头盘之前享用。
>
> 人们把小的那条放在摆满枝叶和鲜花的抬床上，以小提琴和

16 法国古代计量单位，1 古斤约合 0.49 公斤。第一条 162 古斤的鲟鱼约合 80 公斤，第二条 187 古斤的鲟鱼约合 90 公斤。

《鲟鱼》
克洛德 · 奥布里耶（Claude Aubriet，不确定）

长笛协奏曲来宣布它的到来。

长笛手身穿厨师长的全套制服，身后是两位同样穿着的小提琴手，他们引领着鲟鱼队伍走入，四位举着火炬的成对仆人、两位肋间佩刀的厨师助手在侧，为首的是持戟的御前侍卫。

鲟鱼被放在 8 到 10 尺长的抬床上，抬床的两端由厨师助手肩扛着。

队伍在小提琴和长笛的演奏声与宾客的惊叹声中开始绕桌一周。

鲟鱼的出现极为意外，在场的人甚至忘记了对君主应有的礼仪，每个人都站到椅子上去看这两个大家伙。

但是当绕桌一周结束、将要在所有人的掌声中把鱼抬走烹制时，一位抬鱼者踉跄了一下，单腿跪地，鱼从他那一端滑落到地上。

所有人从内心——或者说从肠胃发出绝望的长叹。出现短暂的混乱，期间每个人都争相发表意见，但是冈巴塞雷斯以古罗马式的简单扼要结束了众说纷纭：

“吃另一条吧。”他说。

珍奇的飞禽

1549年6月14日，巴黎市政厅长官[17]和市政官员为王后卡特琳娜·德·美第奇举办了一次盛大宴会，市政厅长官等同于现在的市长。部分保存下来的菜单让我们知道宫廷食用的飞禽和野味的品种是如此之多：

> 孔雀30只，雉鸡33只，天鹅21只，鹤9只，巨嘴鹈鹕33只，滨螺33只，白鹭33只，苍鹭33只，山羊羔33只，火鸡66只，阉鸡30只，醋鸡99只，煮鸡66只，松鸡66只，猪6头，雷恩仔鸡99只，仔鸽99只，斑鸠99只，野兔崽33只，兔崽70只，仔鹅3只，鹧鸪13只，鸨仔3只，椋鸟13只，鹌鹑99只……

这些禽类中有些已无法确认，但是开始出现饲养场，喂养我们熟悉的家禽如鸡、鹅和兔。食单中还有至今仍受欢迎的野味，像雉鸡、鹌鹑和鹧鸪。这份食单记录了不久前刚从美洲引入的火鸡。更奇特的是，还举出了很多今天我们已经不再食用的野生动物：苍鹭、白鹭和椋鸟已经彻底从烹饪书籍中消失。

天鹅和孔雀既是观赏鸟类也是食用禽类，主要为盛大宴会提供。它们与神话相关联，在神话故事中，朱庇特（Jupiter）化身天鹅来引诱丽达（Léda）；朱诺（Junon）则选择化身为骄傲的孔雀。传说孔雀肉身不腐，因而延伸为不死的象征。直到17世纪，这两种鸟一直在国王宴会的压桌菜中占据一席之地。

17 旧制度时期，巴黎市政厅长官（prévôt des marchands）负责管理市场和行会。

《物产日课经》（约 1480 年）

英国人巴泰雷米（Barthélemy l'Anglais）

熟吃还是生吃？

自16世纪开始，水果和蔬菜赢得更多公众的喜爱。厨师们没有排斥生鲜果蔬，他们逐渐改变料理方式，让宫廷发现了食物的本味。

文艺复兴时期，菜蔬在厨房中并没有受到重视。能代表饮食的奢华与精致的，首先是各种野味。弗朗索瓦一世的宫廷属于中世纪的餐桌谱系。芹菜萝卜、胡萝卜和韭葱是周五、周六的斋日或者封斋期、基督降临节餐食的主角。这些蔬菜会搭配鱼以及教会允许在斋日食用的极少肉类。厨师们把这几样蔬菜和干豌豆、蚕豆、白菜一起用砂锅煮。蔬菜放入锅中，长时间在壁炉的角落里炖煮，做成汤和蔬菜烧肉。这种缓慢的烹饪方式解释了来自美洲的菜豆大获成功的原因，它完全就是为这种料理而生的。大多数来自新世界的蔬菜都不怎么受欢迎。法国人认为玉米和马铃薯最好用来喂牲口，洋姜和被称为“爱之苹果”的番茄在国王的餐桌上都没有位置。

然而，亨利二世在位期间以及整个16世纪后半叶，有些蔬菜脱颖而出成为上等食物。洋蓟从意大利被引入法国，随后同样来自意大利的花椰菜得到广泛普及。花椰菜非常适应法兰西的水土气候，人们甚至从塞浦路斯进口它的种子。但有一种食品脱离了命运的轨迹：芦笋。自15世纪被发现后，芦笋尤其受到亨利四世的青睐，他夸赞芦笋是“爱之簇尖”。御医艾罗阿尔（Héroard）在日记中记载，年轻的路易十三在春天每天都要吃芦笋。

自17世纪中叶开始，对待蔬菜的方式出现变化。于格塞尔侯爵的厨师弗朗索瓦·皮埃尔·德·拉瓦莱纳，在1651年出版了解释这一口味变化的奠基性著作《法兰西大厨》（*Le Cuisinier français*）。传统的瓦罐烧煮逐渐让位于更细腻的烹饪，蔬菜按照本来的味道进行烹制，厨师花更多的精力来提升蔬菜的香味。路易十四的侍从、农学家尼古拉·德·博纳丰在《乡村野趣》中写道：“让白菜汤闻起来完全就是白菜的味道，韭葱汤就是韭

下页：《静物：月桂、水果与耙》
让—路易·培沃（Jean-Louis Prevost，不确定）

J. L. Prévost.

葱的味道，萝卜汤就是萝卜的味道［……］您将看到，您的主人因此而精力充沛。”

路易十四是第一位真正对蔬菜产生热情的国王，他酷爱豌豆和花椰菜。他在位期间，创建了国王菜园，君主委托天才的农学家让·德·拉坎蒂尼（1626—1688）操持一切。凡尔赛的土地并不肥沃，需要辛勤的耕耘才能获得路易十四期待的收获。从此以后，蔬菜在法兰西美食中占据了重要地位。

但是这座仅有的国王菜园还不足以供应权贵们的餐桌，再者，富裕起来的市民们也需要越来越多的绿色蔬菜。农作物种子供应商选育最好的品种，最有名的毋庸置疑是菲利普·雷韦克·德·维尔莫兰（Philippe Lévêque de Vilmorin）。巴黎和凡尔赛周边的菜农依土壤的类型实现了专业化。在第二帝国时期的巴黎中央菜市场里，可以找到阿尔帕容（Arpajon）的菜豆，阿让特伊（Argenteuil）的芦笋，蓬图瓦兹（Pontoise）的卷心菜，丰特内（Fontenay）的埃唐普南瓜和马铃薯……

法国宫廷里水果的历史与蔬菜别无二致。总体而言，16 世纪是中世纪厨房的延续。在国王的宴会上，主要水果是苹果、梨、李子和葡萄。但还是引入了几种意大利常见的水果：樱桃、桃、杏，尤其是甜瓜越来越受法国宫廷的欢迎。实际上，水果是煮熟吃的，对生食的深深疑虑一直存在。果浆、果泥和果酱最受青睐。

这个时期开始人工种植野外捡拾到的红色小果子：覆盆子、黑醋栗和草莓。人们选育李子的新变种，其中就有著名的黄香李和为向弗朗索瓦一世的妻子[18]表达敬意而改名的克洛德皇后李（reine-claude）。

依旧是在 17 世纪，变革越来越多。人们开始喜欢在更为精致的料理中使用新鲜水果。路易十四酷爱草莓，这让御医痛心疾首。法国宫廷种出柑橘类水果是个重大事件，凡尔赛柑橘园的园丁培植出了柠檬、酸橙和香柠檬。尽管付出了巨大的努力，宫廷出产的水果几乎不能吃！在国王的餐

18 法兰西的克洛德（Claude de France，1499—1524），弗朗索瓦一世的第一任妻子。

《卷心菜》（约 1855 年）
见《维尔莫兰画册》

桌上，都是从西班牙和葡萄牙进口的水果。路易十五特别喜欢用甜橙来结束一餐饭。

除了蔬菜，法兰西岛的菜农还必须为宫廷和贵族们供奉水果：马尔库西（Marcoussis）的草莓，蒙莫朗西（Montmorency）的樱桃。权贵们让人以极昂贵的价格进口异国水果，比如菠萝在中央菜市场全年可见。它很快就被冠以“水果之王”的称号。可不是嘛，上帝为了把它与普通水果区分开来，特意在它头上戴了王冠哩！

N.388.
Cinara maxima, Artichault,
Artischock.

一份美食嫁妆

民间传说，1533 年与王储亨利举行婚礼时，卡特琳娜 · 德 · 美第奇带来了大约 40 位意大利厨师和她希望引进法国宫廷的大量新食品。既然无法确认真伪，这个故事不过是厨艺在文艺复兴时期发生重大变化的美丽寓言。来自意大利或者刚被发现的美洲的众多异国调味品，装点着法国的餐桌。这个时期，不单是蔬菜，法国人还第一次发现了奶酪通心粉和意式蛋黄酱。

有两种蔬菜反映出口味的变化。蚕豆和干豌豆曾经一度是中世纪的美味佳肴，与此同时还出现了菜豆。虽然欧洲人不认识，但在哥伦比亚发现新大陆之前，秘鲁民族食用菜豆很普遍。除了菜豆，美洲人还吃不再鲜嫩的干菜豆。教皇克勉七世（Clément VII）把菜豆种子交给一位叫皮埃罗 · 瓦莱里亚诺（Pierio Valeriano）的意大利僧侣。这位着迷的僧侣把种子种在罐子里，将这种新的食物呈给卡特琳娜的哥哥亚历山大 · 德 · 美第奇（Alexandre de Médicis），这样，菜豆才随着佛罗伦萨的王后一起来到法兰西。在其他来自美洲的新玩意中，还必须提到番茄、洋姜和玉米。但是没有任何一种新食物能像菜豆那般普及！

自 15 世纪开始，意大利开始种植来自地中海世界的洋蓟，这种蔬菜也与卡特琳娜王后有关。传说洋蓟在陪嫁中占重要位置。史官皮埃尔 · 德 · 雷托瓦勒（Pierre de L'Estoile）在《日记》中提到，有一天，王后吃了过多的洋蓟“以致差点儿死掉”。实际上她非常爱吃“洋蓟托”，喜欢把洋蓟与鸡冠一起烧。当时的人认为，这两种食物都具有春药的功效。

《洋蓟》（约 1740 年）
约翰 · 威尔海姆 · 魏因曼（Johann Wilhelm Weinmann）

绿色蔬菜热

尽管法国驻荷兰大使1600年回国时带回了新鲜豌豆，还是要等到路易十四登基，法国人才真正发现食用与“干”菜相对的新鲜绿色蔬菜的乐趣。豌豆、蚕豆、菜豆则是储备型蔬菜，晒干以后可以保存好几个月。

1660年，德·苏瓦松（de Soissons）伯爵夫人的侍从奥迪耶（Audiger）先生从意大利旅行归来，呈上一箱带荚的鲜豌豆给路易十四。国王为此醉心不已，于是鲜豌豆在所有宫廷蔬菜中艳压群芳。在一封信中，塞维涅夫人讲述了凡尔赛这股饮食热潮发展到了何等地步：“急不可耐地想吃豌豆、吃过以后美滋滋外加以后还可以吃到豌豆的快乐，这是王公们近几天宴饮聚会共同的三部曲。很多贵妇在出席国王的晚宴之后，回家一定弄来豌豆，就算会消化不良，也要在睡觉前吃。这成为一种时尚……甚至是一种狂热。”

御医法贡（Fagon）宣称嗜好鲜豌豆是造成国王胃部不适的原因，但无济于事。路易十四命令让·德·拉坎蒂尼负责凡尔赛的国王菜园。这位园丁迅速把种植时鲜蔬菜形成特长并负责在所有季节为宫廷餐桌提供大量蔬菜。他开发出新的品种，比如“克拉玛尔”豌豆或者“玛尔利”豌豆。他还对前朝极受轻蔑的生菜非常感兴趣。一位博学者写道“生菜令人保持润泽、舒爽，使肠胃通畅，可助眠、开胃、舒缓维纳斯的热情以及解渴”。当时，广泛食用的是煮熟的蔬菜，伟大的世纪将蔬菜以生鲜的形式奉献出来。

《园丁的制服》（局部）
让·勒珀特（不确定）

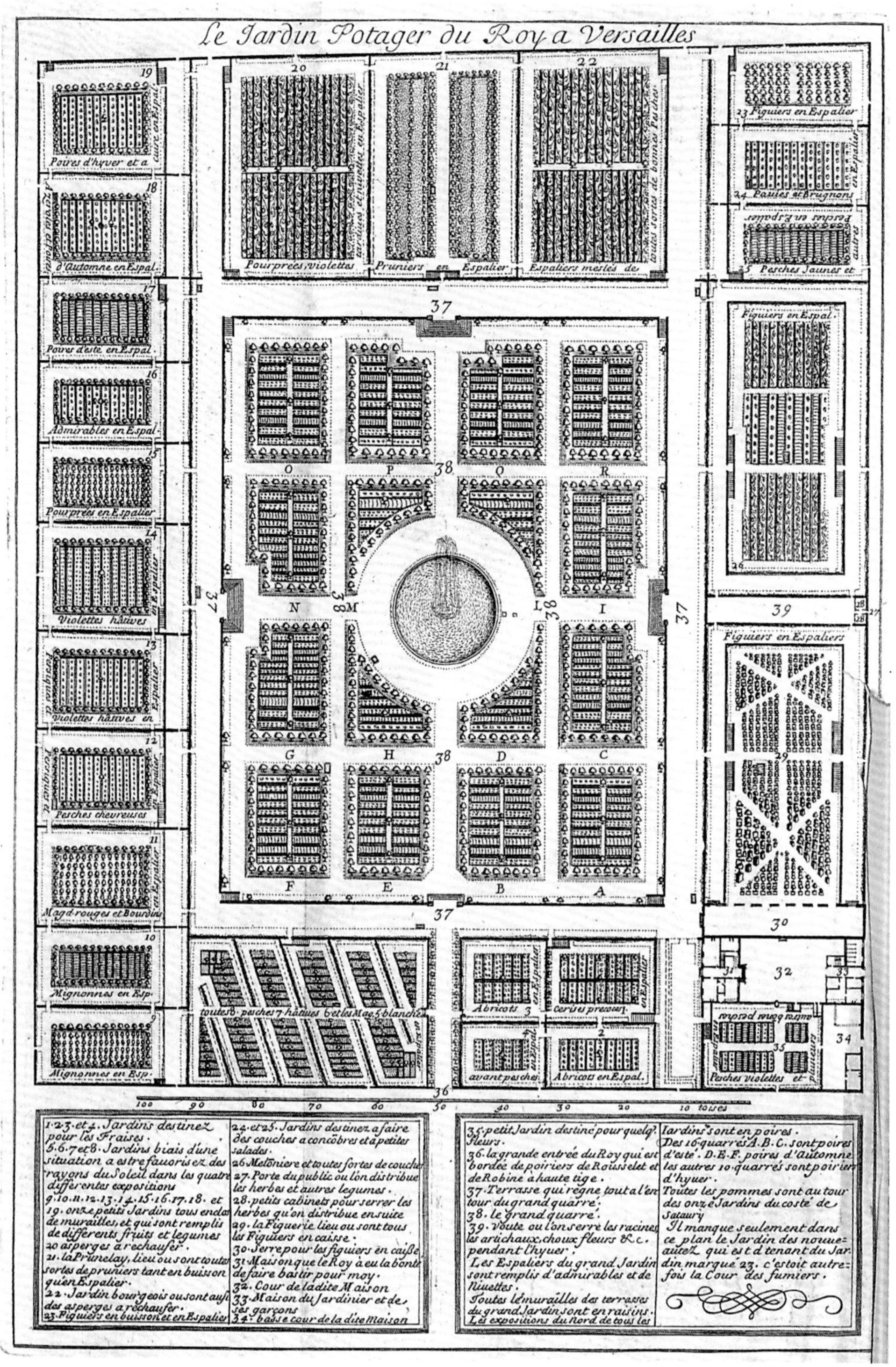

上：《凡尔赛的国王菜园》（1700 年）
让 · 德 · 拉坎蒂尼（Jean de La Quintinie）

右：《让 · 安托瓦纳 · 奥古斯坦 · 帕芒蒂埃》
艾登 · 格纳代（Edme Quenedey，不确定）

插在扣眼里的花

16 世纪，西班牙征服者发现了印加人吃的马铃薯。马铃薯首先在西班牙、英国和意大利开始种植和烹饪，不过要等到三十年战争[19]时才征服了德国。但是富庶之地法国以蔑视和审慎的态度看待这种新蔬菜。然而还是有人尝试移植，伟大的农学家奥利维耶 · 德 · 塞尔（Olivier de Serres）认为马铃薯是个真正的奇迹，可以养活贫瘠土地上的农民。他让人在地里种植马铃薯，他的土地也是王国里唯一种植了少量马铃薯的地方。

多亏安托瓦纳 · 奥古斯坦 · 帕芒蒂埃（Antoine Augustin Parmentier, 1737—1813），马铃薯在法国的命运发生了逆转。他是国王军队的药剂师，在七年战争[20]中发现了这种食物。他被普鲁士军队俘获，15 天内就

19 1618 年到 1648 年，由神圣罗马帝国的内战演变而成的一次大规模的欧洲国家混战，是欧洲各国争夺利益、树立霸权的矛盾以及宗教纠纷激化的产物。

20 1754 年至 1763 年，欧洲主要强国参与为争夺贸易和殖民地进行的战争，最终签订了巴黎和约，确立了英国的海外殖民地霸主的地位。

靠这种块茎植物活了下来。在贝桑松科学院的一次竞赛中，他一举成名，竞赛题目是“哪些植物可以在饥荒年景补充人类的食粮以及如何种植”。他不知疲倦地推广马铃薯，组织了真正的推广运动，邀请达朗贝尔（d'Alembert）、拉瓦锡耶（Lavoisier）、本杰明 · 富兰克林（Benjamin Franklin）……出席了一场马铃薯宴。他从国王那里得到巴黎附近萨博龙（Sablon）的一块土地。在路易十六的支持下，他开始尝试种植这种蔬菜。

1786 年 5 月 15 日，他在地里种下马铃薯。8 月 24 日，马铃薯一开花，药剂师采下一束，在植物学家维尔莫兰的陪同下跑到凡尔赛的宫廷，把它献给国王。路易十六把一朵马铃薯花戴在扣眼里，在王后的胸前也插上一朵。国王向农学家致敬：“法兰西将会感谢您为穷人找到了面包。”马铃薯很快便出现在国王的餐桌上，随后出现在宫廷常客的家中。

《马铃薯》（1744 年）
热纳维耶芙 · 勒诺（Geneviève Regnault）

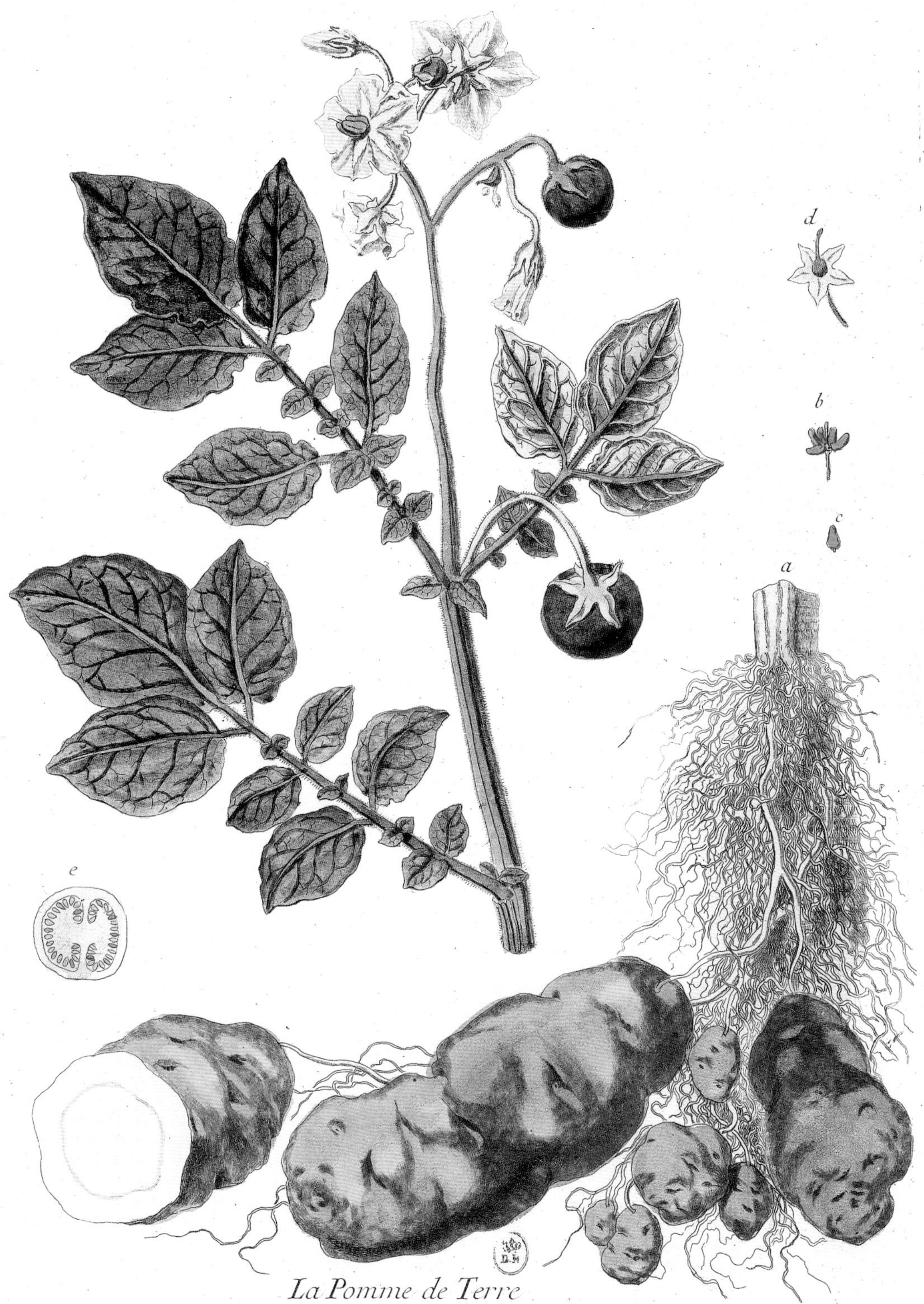

La Pomme de Terre

Lat. Solanum Tuberosum *Allem.* Grundbir. *Angl.* Potatoe. *Amerie* Papas.

G. de Nangis del et Sc.

糕点和甜食

水果和蜂蜜的队伍里又增添了新成员，为大厨们带来灵感，助他们制作出造型优雅的甜食。刚刚出现的冰淇淋则引发了法兰西宫廷的追捧。

世易时移。把甜食推后到一餐饭的结束是晚近的做法。在整个旧制度和19世纪大部分时间里，蛋糕、甜食是与咸味菜肴一起上的。“糕点”一词不仅指水果塔，还包括馅饼、肉饼以及所有带馅儿的食物。

蜂蜜是甜点中的王者。它可以浇在水果上或者与水果一起煮，可以为华夫饼、炸糕和蛋筒增加甜味。蜂蜜还可以与杏仁和开心果一起制作牛轧糖，已经证实，亨利四世的宫廷就已出现牛轧糖。蜂蜜同样是制作果酱的基础材料。文艺复兴时期，人们用这个词指称所有煮水果：果酱、糖渍水果、果泥、果冻……这要归功于卡特琳娜·德·美第奇的星象师诺斯特拉达姆士（Nostradamus）在1555年出版的一部果酱论著。这位普罗旺斯人非常熟悉水果的料理与蜂蜜的作用。作为药剂师和医生，他懂得如何让用于治病的糖发挥更大的效用。诺斯特拉达姆士详细写明了浓缩葡萄汁、粗红糖和果冻的做法，甚至还有莴笋酱、姜酱的做法。他还写下了如何制作糖果和小杏仁饼。亨利二世时代有两种水果特别流行，名为“吉涅（guigne）”“格里约特（gryote）”和“阿玛莱娜（amarène）”的樱桃，还有木瓜。

16世纪没有太多的新鲜东西。最多知道有两种意大利配方引入法国：杏仁奶油和糕点奶油混合在一起制作的杏仁奶油蛋糕，以及用蛋黄、糖、酒和香料调制而成的意式蛋黄酱（sabayon）。

到路易十三时代，人们将酥皮的发明归功于弗朗索瓦·皮埃尔·德·拉瓦莱纳，这是一种在厨房里前途远大的点心。实际上，在拉瓦莱纳的《法兰西大厨》中可以找到千层酥的做法，千层酥就是酥皮的前身。这本书同样写出搅打蛋清的方式。17世纪风行的伟大甜点无疑是无与伦比的

《糕点师》（局部，1635 年）

亚伯拉罕 · 博斯

冰淇淋。太阳王的宫廷经常会供应果汁冰沙和冰淇淋，这两种冰点享有助消化的盛名。这将是旧制度在甜品方面最后一项伟大的发明。冰点的口味极其丰富，当然有水果味，还有香料、植物和花香口味。

19 世纪，甜品逐渐确立了现今在一餐饭中的顺序位置，即在上过奶酪之后、一餐饭结束前享用，到此时它才真正获得了全面胜利。甜品尤其是糕点的这个新顺位，很大程度上是拜天才厨师安托南·卡莱姆（1784—1833 年）所赐。作为“厨师之王和王之厨师”，他是位训练有素的糕点师。这位维维耶纳街巴伊糕点店的学徒，是国家图书馆版刻部的忠实读者，他在这里研究特别是文艺复兴时期伟大建筑的论述和花园与园艺布局的书籍，从建筑和园艺中汲取灵感来构建大型蛋糕的多层结构。他被塔列朗发现，接到为第一执政制作多层蛋糕的订单，用煮好的糖稀、杏仁酱、蛋白和牛轧糖搭建古代殿宇和金字塔。卡莱姆极少为法国宫廷服务，但他为欧洲好几个宫廷工作，英国、俄罗斯、奥地利，最后在詹姆斯·德·罗斯柴尔德（James de Rothschild）男爵家当厨师。然而他通过写书产生了重要影响，其中最著名的是《法兰西烹饪艺术》（*L'Art de la cuisine française*，去世后出版）和《巴黎宫廷糕点师》（*Le Pâtissier royal parisien*，1810 年）。

旧制度晚期，只允许某些行业使用糖。随着旧制度的结束和甜菜糖的出现，发生了糖果革命。1815 年出现了酒心糖，维希薄荷糖则出现于 1842 年。拿破仑三世时代，众多糖果品牌取得传奇般的成功：1850 年南希（Nancy）的香柠檬糖和 1862 年讷韦尔（Nevers）的焦糖果仁。经常出现将新品糖果献给君王或者贵宾的情况。于是，皇帝和欧仁妮皇后成为甜食的使者，他们的名字与某些产品紧密相连，比如糖渍白芷。

1836 年发生了另外一场美食革命：莫尼埃（Menier）糖果店主人推荐顾客食用不再是传统饮料的巧克力，而是嚼着吃的巧克力板，很快又演变为巧克力蛋糕、软糖、软糕……甜品之王诞生了！

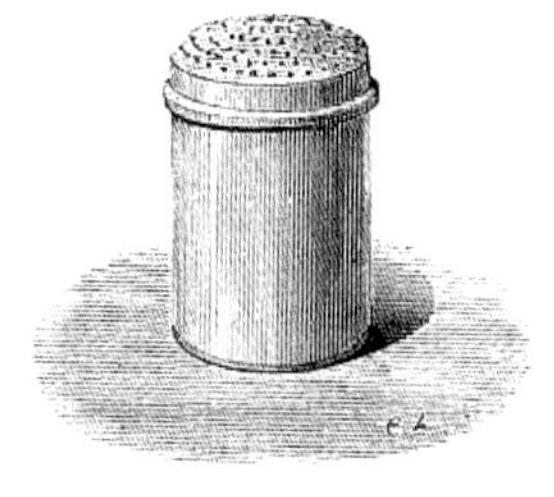

《做成风景的糕点》（1815 年）
马利—安托瓦纳·卡莱姆（Marie-Antoine Careme）

Ruine de Kan-kang-kien en chine.

Moulin chinois.

Chaumière des colombes.

Cascade venitienne.

糖与蜜

在发现糖之前，用来制作甜品的主要是蜂蜜。尽管印度人和中国人自古代就已发现了糖，直到17世纪，蜂蜜都是欧洲制作甜点和糖果的主要成分。多亏阿拉伯人，糖在中世纪来到欧洲。糖的名称源自梵文carkarä，于是有了阿拉伯文sukkar和拉丁文saccharum、意大利文zucchero和法文çucre*，特洛亚（Troyes）的基督徒是这么拼写的。

阿拉伯人学着用糖做成Kurat al Milh［意为“糖浆”，这个词变形后就有了我们今天的caramel（焦糖）］。十字军把糖带回法国。糖在法国主要用来为药用植物、香料裹糖衣，它用在药房一直比用在厨房多。1604年一个新词的出现无疑表明糖在社会中的地位变了：bonbon（糖果）一词诞生了。糖从此不再是药剂师的专利，它不仅是药剂的载体，而且成为给人带来快乐的食品。

甘蔗又被称作“甜芦苇”，安的列斯群岛和法兰西第一殖民帝国的发展使得甘蔗的种植获得飞跃发展，主要是在圣多米尼加（Saint-Domingue）。自17世纪开始，糖这种依旧昂贵的新产品在很多烹饪中代替了蜂蜜。它还成就了南特和波尔多船主的财富，这些船主使用奴隶种植甘蔗并控制了甘蔗的进口。旧制度下，蔗糖是法兰西殖民帝国的主要财富。

伟大的农学家奥利维耶·德·塞尔自17世纪初就研究从甜菜中提取糖的可能性。只是在150年之后，这项技术才在德国得以实践。1803年，拿破仑失去圣多米尼加，随后大陆被封锁，多亏著名化学家让—安托万·夏普塔尔（Jean-Antoine Chaptal，1756—1832），甜菜才在糖的生产中代替了甘蔗。

* 原文如此。

《甘蔗》

海耶博士（Docteur Hayes，不确定）

ACQUISITION

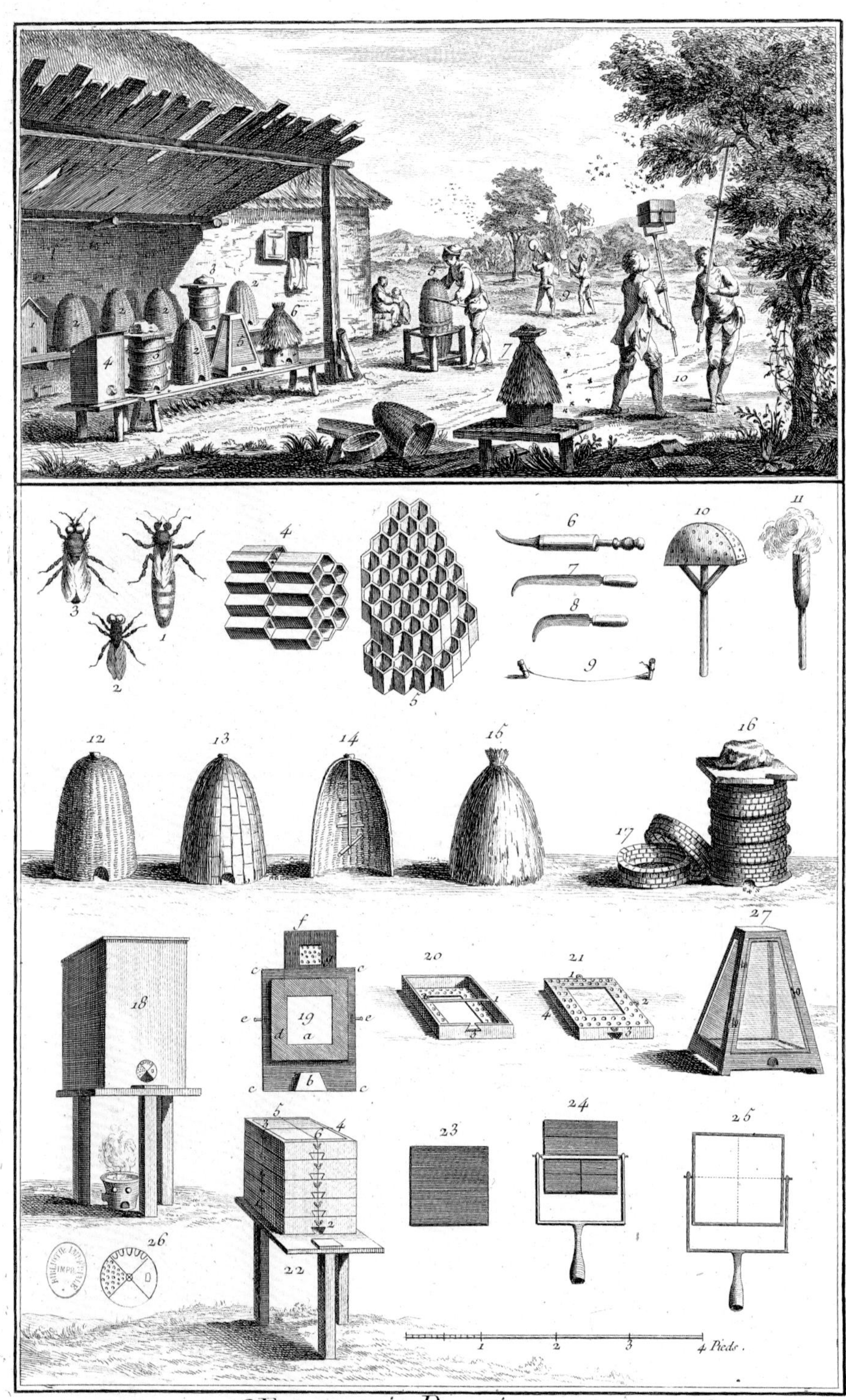
4 Pieds.
Œconomie Rustique,
Mouches à Miel.

左：《蜜蜂》（约 1760 年）

见《狄德罗和达朗贝尔的百科全书》

上：《制糖的方法》（局部）

塞巴斯蒂安·勒克莱尔（Sébastien Leclerc，不确定）

冰淇淋与果汁冰沙[21]

自古以来，人们就在水果和蜂蜜的基础上制作冰点。在中国的皇家宫廷或者罗马皇帝尼禄（Néron）的餐桌上就已经出现了冰点。中世纪，冰点被遗忘了。后人把13世纪重新发现冰点和将其引入威尼斯归功于马可·波罗（Marco Polo）。到文艺复兴时期，冰点成为宫廷餐桌上最受喜爱的甜品之一。什锦水果冰沙（sorbetto tutti frutti）是药剂师鲁杰里（Ruggeri）发明的。他将意式蛋黄酱与水果碎的混合物加入捣碎的冰中。这个配方取悦了佛罗伦萨的宫廷。后来，人们又把冰淇淋和果汁冰沙在法国的出现归于卡特琳娜·德·美第奇。

尤其是在17世纪，冰点在法兰西宫廷取得节节胜利。这确实是一种奢华的食物，首先需要有凑手的原材料。为了在无论哪个季节都能找到冰，法国人创造出特殊的建筑：冰窖。路易十四在凡尔赛有13个冰窖。人们把冬天从公园水面凿取的冰块放入这些深达10至30米的井中。冰块来自主干渠里凿开的冰或者瑞士军营湖面的冰。此外，在冰窖盖板上面覆上一层稻草以后，再扔几层碎冰块，用水浇注，冻得更厚实。为了保持冷冻状态，上面再盖上木头和石块。

我们还是要把冰淇淋在上流社会的传播归功于意大利人。1686年普罗可布（Procope）咖啡馆开业了，店名来自店主人弗朗西斯科·普罗可皮奥（Francesco Procopio dei Coltelli）。他对咖啡的普及功不可没，同时他还为贵族和文人提供很多不同口味的冰淇淋：橙花、接骨木、鸡蛋花，还有丁香花、佛手柑或者水仙口味。人们或者用雪［阿拉伯文为shorbet来制作冰沙（sorbet）］，或者用冰和牛奶制作冰淇淋。

21 果汁冰沙，与冰淇淋不同，不含奶、奶油或蛋黄，是浇上糖浆的球状冻果汁或果泥，常在西餐中作为甜点。

《急不可耐的吃相》（1825年）
路易—雷奥珀·布瓦伊（Louis-Léopold Boilly）

Les Mangeurs de Glaces.

玛德莱娜点心与国王斯坦尼斯拉斯

往昔的波兰国王、路易十五的岳父斯坦尼斯拉斯·莱什琴斯基（Stanislas Leszczynski）治理着洛林和巴尔的公爵领地。他在科梅尔西（Commercy）自己的城堡里接待当时的所有名士，尤其是伏尔泰和他的缪斯艾米丽·杜沙特莱（Émilie du Chatelet）。他本人是精致的美食家，精通厨艺和糕点制作，因为朗姆酒蛋糕的做法而声名远扬。他觉得奶油圆蛋糕太硬，便要求自己的厨师尼古拉·斯托雷（Nicolas Stohrer）找出改善的法子。斯托雷把酒浇在蛋糕上，又加入了一些糕点用的奶油。斯坦尼斯拉斯被迷住了，由此诞生了朗姆酒蛋糕。斯托雷成为法兰西国王的糕点师，还在巴黎蒙托尔格伊街开了一家糕点店。这家店至今仍在。

但是洛林公爵的名望还与另一种甜食密不可分：玛德莱娜点心。1755年，城堡举行了一次盛大晚宴。宴会期间，仆人禀告斯坦尼斯拉斯厨房出问题了，而且会影响到后面的晚宴进程。宫廷总管和厨师争吵不休，厨师愤而回家，还带走了甜点。

大家寻找可以替代的解决办法。年轻的贴身女仆玛德莱娜·博米耶（Madeleine Paulmier）建议按照一种家庭配方制作小点心，总管不得已接受了。侍者端上了形状特别的点心，斯坦尼斯拉斯和客人们大为赞赏，让人叫来了这种美味的创造者。以她之名，洛林公爵将这款点心命名为“玛德莱娜”。

斯坦尼斯拉斯将这款点心送给他的女儿玛丽·莱什琴斯卡（Marie Leszczynska）。为了向法兰西王后表示敬意，凡尔赛的廷臣建议将这款

《普罗可布咖啡馆》（局部）
佚名，不确定

《斯坦尼斯拉斯 · 莱辛斯基》
让 · 吉拉尔代（Jean Girardet，不确定）

新糕点命名为“王后点心”。玛丽拒绝了，更喜欢保留她父亲选的名字。从 1766 年开始，科梅尔西的糕点师傅把它做成特产。玛德莱娜点心最终获得认可和它现今的知名度，却都要归功于马塞尔 · 普鲁斯特[22]（Marcel Proust）。

22 马塞尔 · 普鲁斯特（1871—1922），法国著名文学家，其巨著《追忆似水年华》中关于小玛德莱娜点心的段落成为回忆与旧时光的代名词。

《奇装异服》
尼古拉 · 德 · 拉梅森（不确定）

N. de l'Armessin, Inuentet.

La Paticierre,

aris Chez N. de l'Armessin, Rüe St Jacq. deuent la Rüe du Plâtre, à la Coupe d'Or.

CPR

为菜肴
提香的艺术

因为发现了新大陆，欧洲宫廷餐桌上的食品丰富多样起来。
香辛料掩盖了食物的滋味，但也大大丰富了食物的味道。

文艺复兴时期的国王餐桌继承了中世纪的习惯，大量使用调料和香料。这种对强烈味道的明确偏好有两个主要原因。首先，这些异域风情的食品具有明确的商业价值，使其实际上成为权贵阶层的专供，能够享用以豆蔻或者丁香调味的菜肴，这是财富、实力以及权势的真正信号。第二个原因就非常世俗了，肉食和鱼类的保存条件不总是很理想，大量的香辛料可以掩盖可疑的气味，再有，它们的防腐功能有助于避免消化不良的问题。

香辛料大部分来自亚洲和非洲，经过阿拉伯商人和后来的威尼斯人之手来到欧洲宫廷。姜、小豆蔻、胡椒来自印度，桂皮来自锡兰，茴香、孜然是从地中海东海岸进口的，丁香和豆蔻来自印度尼西亚，罂粟种子则来自欧洲东部。香料商到中国找良姜，到波斯找藏红花。新大陆的发现使得欧洲人拥有更多可以使用的香料，甚至开始种植这些本来都是以黄金价格进口的香料。香辛料因为越来越普及，于是失去了王侯专用的身份。但是直到17世纪，香辛料主要用于烹饪：香辛料与酸葡萄汁*或者杏仁奶混合后，经常用来做面包的夹心；香料也往往撒在烤肉上；酒水侍从用很多迷迭香、苦艾、桂皮、豆蔻和丁香把酒调香调甜。香料同样占据了卧房，领主和夫人们在小盒子里存放煮熟之后裹上糖衣的八角、芫荽和茴香的种子，用来助消化和清新口气。

17世纪是餐桌习俗发生深刻变化的决定性时刻。如柑橘汁这样更加柔和、甜蜜的果汁代替了酸葡萄汁。香辛料的使用方式逐渐规范并大大简化。唯有胡椒还经常使用，豆蔻和丁香则极少用了。至于桂皮，它再度退出，只用于制作糕点。厨师们放弃了其他大部分香料，更喜欢味道极为细

* 葡萄成熟之前提取的酸汁，也用于制作糖浆，现在用来制作芥末酱。

腻的本地香料。月桂、百里香、迷迭香为汤类提香；分葱和洋葱催化了肉食的香气，又在加入沙拉生吃时发出咀嚼的脆响；蘑菇则为调味汁带来植物的气息。宫廷餐桌非常喜爱蘑菇，据说路易十三临终躺在床上，还在把羊肚菌穿到线上以便晾干。

法兰西高级烹饪完全摆脱了中世纪的厨艺，黄油成为调味汁的基础成分。自1670年以后，它出现在80%的调味汁配方里。这个时期的有些做法成为经典，白奶油汁、荷兰酱汁与芦笋或者鱼搭配深受宫廷青睐，再加上不久之后出现的蛋黄酱。也可以在黄油中加入面粉，加工成褐色美味酱汁以佐食肉类。

到18世纪，高级烹饪的核心内容主要在于浓缩烧煮的肉汁。在国王的御膳房里，这项工作意味着达到美味的臻境。厨师们努力在菜肴中控制香料和调料的使用，从而把本味还给所有食物。1739年，路易十五的御膳总管弗朗索瓦·莫兰（Francois Morin）出版了《科姆斯的馈赠，或者餐桌的乐趣》（*Les Dons de Comus ou les Délices de la table*）："过去的烹调非常复杂，而且细节不确定。现代烹饪是一种化学。烹饪的技巧在于分解食物使其便于消化吸收，同时萃取肉类的精华，获取食物富营养但不油腻的汁液，再将几种食物混在一起烹调，可是不会有任何一种食物会盖过其他食物，所有味道都能品尝出来。"

松露作为象征性食品标志着法兰西传统美食的诞生，其精致与美妙几乎是高级烹饪的传奇。路易十五时代，松露突出了阉鸡和小母鸡的香味；路易十六时代，松露激发了鹅肝的芬芳。对于著名批评家布里亚—萨瓦兰而言，松露是"厨艺的钻石"；在亚历山大·仲马看来，松露是"美食家圣经的圣经"。在七月王朝[23]复辟时期，食用松露的风尚达到了顶峰。拿破仑三世时代，松露为白猪血肠提香、使炒蛋更美味。它甚至与蘑菇和鹅肝一起，体现了"法兰西式"餐桌的极致奢华。

23 1830年至1848年统治法国的君主立宪制王朝，始于1830年法国七月革命，故又称七月王朝，1848年法国二月革命后被法兰西第二共和国取代。

《新鲜黄油》（1867 年）
于勒 · 格拉（Jules Gras）

上：《松露》（1867 年）
见《厨艺》，于勒 · 谷非

下：《羊肚菌》（约 1865 年）
路易 · 法夫尔—吉亚尔莫（Louis Favre-Guillarmod）

动物性香料

来自遥远国度的香料充实了中世纪的厨房，丰富了菜肴和饮料的味道与香气。人们非常迷恋香料，一直不断寻找能增添餐桌乐趣的新产品。稀缺性使得香料化身为财富与权力的象征，成为全社会追逐的对象。而胡椒的普及促使宫廷去寻找其他特别的香料。这正是两种动物香料龙涎香和麝香出现的背景。

不要把灰色的龙涎香和制作首饰用的黄琥珀混为一谈[24]，前者是抹香鲸分泌的消化液。这是一种暗色物质，一旦暴露在光线下便极为芬芳。人们从海上采集，或者在海滩上捡拾。产品散发出一种类似烟草的暖香。

至于麝香，主要来自麝鹿的腹部腺体，麝鹿是源自中亚的物种。这同样是一种极为珍稀和昂贵的产品，呈褐色，气味极具穿透力。

除了极强的香气，这两种香料很快被认定具有催情功效。它们首先出现在意大利，尤其是罗马教皇的宫廷餐桌上，16世纪到达法国，随后渐趋没落，人们转而追求清淡的味道。但它们依旧用于甜食，红衣主教黎塞留[25]（Richelieu）很青睐琥珀糖。路易十四和路易十五把龙涎香加在热巧克力里。花花公子muscadin[26]（指将无套裤汉赶出执政府、穿戴夸张的年轻保皇党分子）便得名于麝香。后来，这两种香料仅用于香水制造，因为除了极强的香气，这两种物质被证明是极有效的定香剂。

24 在法文中，龙涎香（amber gris）和琥珀（amber jaune）为同一个词，仅以颜色区分。

25 黎塞留（Armand Jean du Plessis de Richelieu，1585—1642），法王路易十三的宰相，天主教枢机，即红衣主教。他辅政期间，对内重建王权，对外连纵发动三十年战争，为日后太阳王路易十四时代的兴盛打下了基础，他也是将法国改造成现代国家的伟大改革家、现代实用主义外交的开创者，与德国铁血宰相俾斯麦齐名。

26 muscadin 的词根为 musc（麝香）。

上 :《麝香商人》(局部，16 世纪)
伊本 · 布特兰 (Ibn Butlān)

右 :《一种叫作抹香鲸的鱼》(1729 年)
沙夫诺 (Chaveneau)

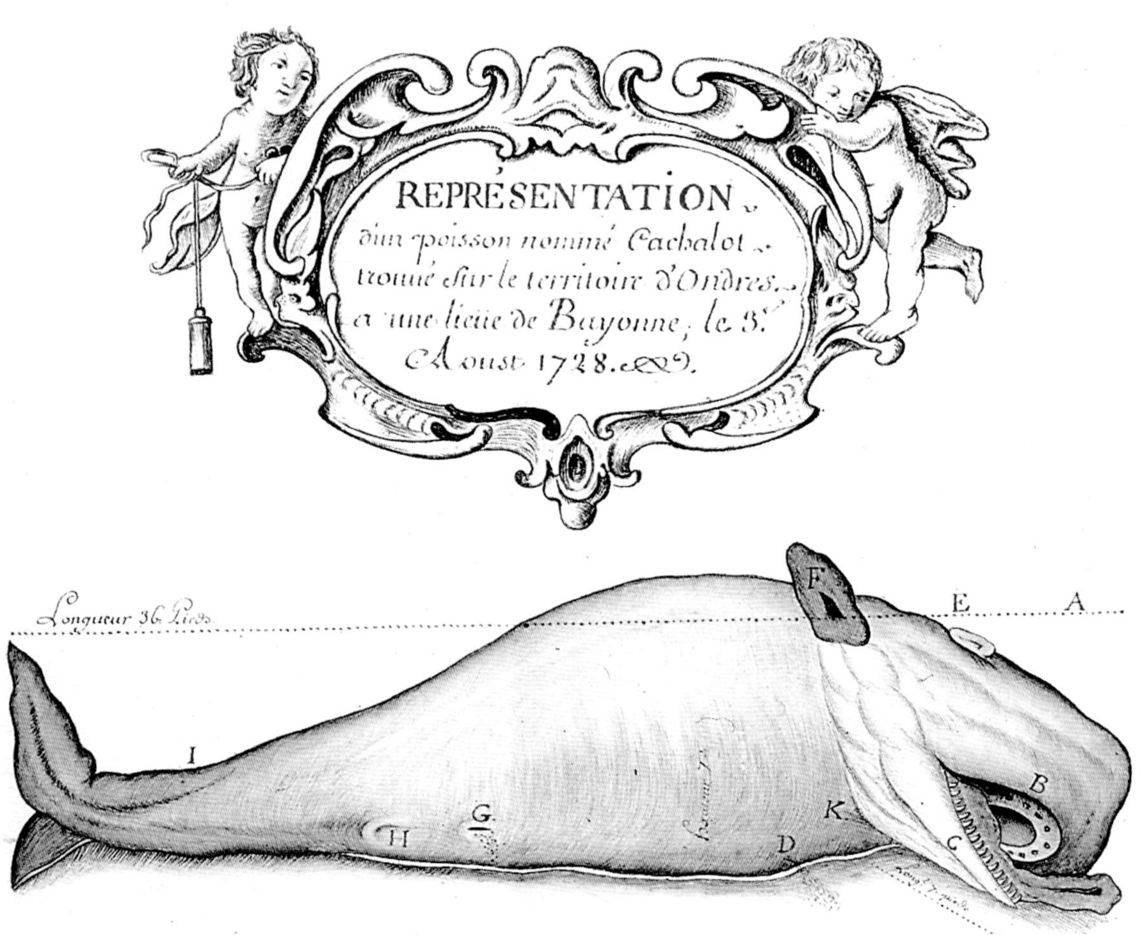

RENVOY.

A.	La Teste	F.	Vne Nagoire
B.	Machoire superieure	G.	Coup d'arpon
C.	Machoire inferieure	H.	La Nature
D.	Trou par ou il respire en rejettant l'eau qu'il a dans le Corps	I.	La Queüe
E.	Vn oeil	K.	Gozier

Ce poisson n'a produit que deux Bariques d'huile, et Environ demi barrique de Ceruelle parcequ'il étoit desseché lorsqu'il à esté trouvé sur la Coste.

珍贵的胡椒

来自印度西海岸的胡椒［马拉巴（Malabar）和喀拉拉（Kerala）海岸］自古代就已闻名欧洲。亚历山大大帝和后来的罗马人非常喜欢这种能令菜肴更香浓的辛辣调料。在整个中世纪，阿拉伯人垄断了胡椒的贸易。直到15世纪，这种小浆果在欧洲的商业价值都是巨大的。它成为权贵们的调料。胡椒果实有好几种形状，当然有黑胡椒，还有长胡椒、荜澄茄——也叫长尾胡椒（poivre à queue）。人们甚至把好几种不是胡椒的浆果也叫成“胡椒”，比如产自非洲海岸的非洲豆蔻被叫作“几内亚胡椒”或者“天堂椒”，胡椒的普及程度可见一斑。

在伟大的航海家们无数的野心中，打破胡椒的商业垄断和找寻其他供应方式赫然在列。他们成功了，因为胡椒树很容易适应热带和赤道地区的气候。这种调味品先是被西班牙人和葡萄牙人控制，后来又落入英国人和荷兰人之手，到12世纪，胡椒的价格明显降低，使用胡椒不再是王公贵族们的特权。

对于路易十五时期的法国宫廷而言，这意味着从此摆脱了伦敦或者阿姆斯特丹的挟制。人如其名的植物学家和航海家皮埃尔·普瓦弗尔(Pierre Poivre)[27]就任波旁岛[28]和法兰西岛[29]总督。1757年到1772年,他成功地为东印度公司将胡椒树移植到波旁岛。从此以后，很多殖民家庭将胡椒带到

27 皮埃尔·普瓦弗尔（1719—1786），法国园艺家、植物学家、农学家，他的姓氏意为“胡椒”。

28 即现在的留尼汪岛。留尼汪岛是法国的海外省之一，由葡萄牙人于1513年发现，1649年被法国命名为波旁岛。法国大革命时期，波旁岛改名为留尼汪（法语意为“联合”）。

29 即现在的毛里求斯共和国，位于印度洋西部的马斯克林群岛，1509年被葡萄牙人发现。1715年法国人占领了毛里求斯岛，改称为“法兰西岛”。后英国打败法国占领了这里，恢复了毛里求斯的名称。

《马拉巴的黑胡椒》（1784年）
雅克·夏尔通（Jacques Charton）

POIVRE NOIR DU MALABAR MONTANT SUR UN ARECA.
Dessinée par J. Charton.

NOTICE

SUR LA VIE

DE M. POIVRE,

CHEVALIER DE L'ORDRE DU ROI, ancien INTENDANT des Isles de France & de Bourbon.

Erat enim modestus, prudens, gravis: temporibus sapienter utens : animo maximo & æquo : veritatis diligens, ut ne joco quidem mentiretur : continens, clemens, patiensque : commissa celans, studiosus audiendi : & agricola solers, & Reipublicæ peritus, & probabilis Orator.

CORN. NEP.

par Dupont de nemours.

PHILADELPHIE,

Et se trouve à Paris chez MOUTARD, Imprimeur-Libraire de la REINE, de MADAME, & de Madame Comtesse D'ARTOIS, rue des Mathurins, Hôtel de Cluni.

M. DCC. LXXXVI.

《胡椒先生》（1786 年）

皮埃尔—塞缪尔 · 杜邦 · 德 · 内穆尔（Pierre-Samuel Dupont de Nemours）

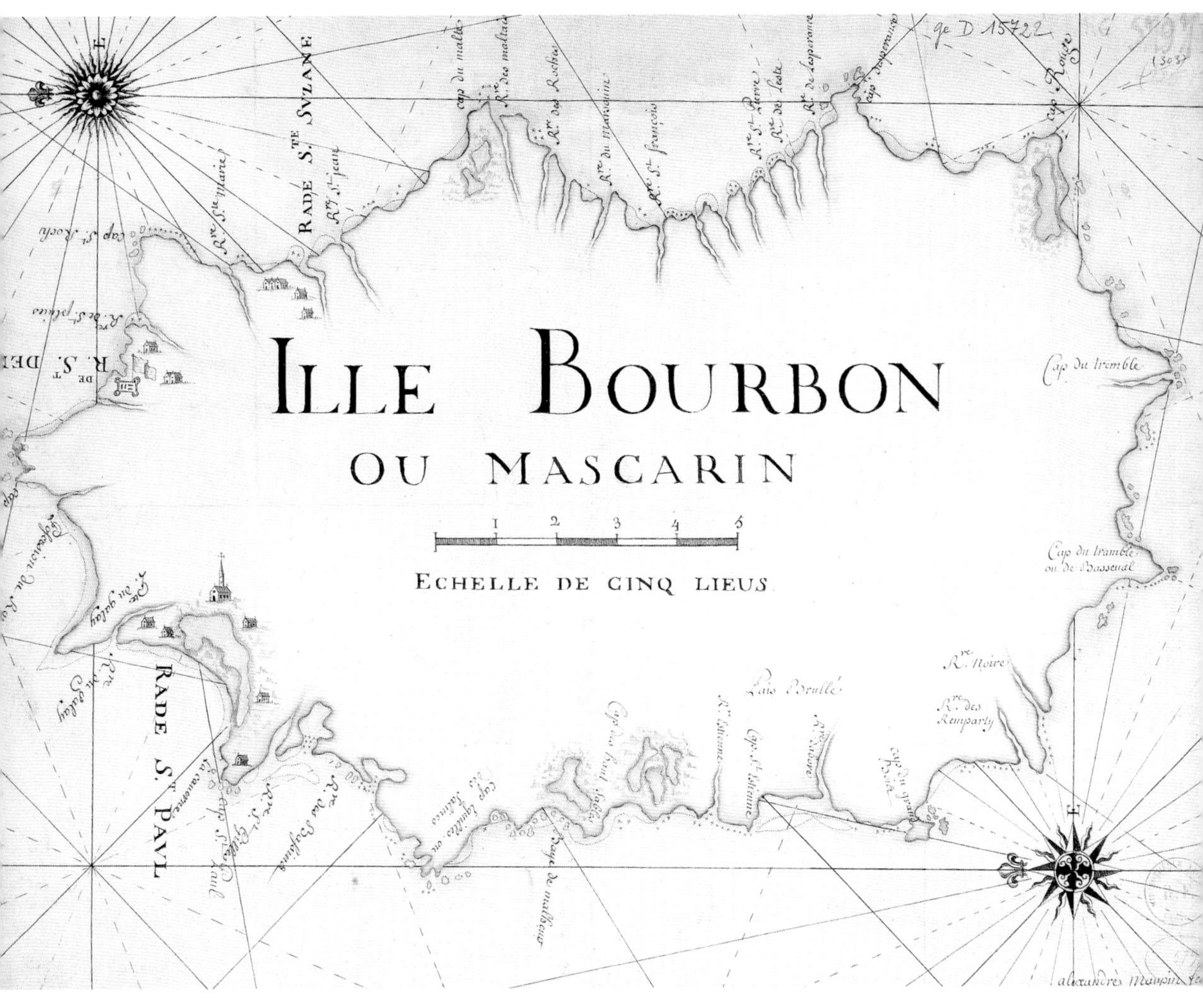

热带殖民地并创办了自己的胡椒园，胡椒当然可以用作调味品，但同样也能保存食物和制作很多种药品。在不同的胡椒品种中，厨房料理中使用的仅仅是黑胡椒和加工成白色、绿色、红色的黑胡椒。长胡椒和非洲豆蔻则远离了餐桌。

《留尼汪航海图》（约 1700 年）
亚历山大 · 莫潘（Alexandre Maupin）

一滴值千金

香子兰是欧洲人在中美洲发现的众多食品之一。阿兹特克人已经认识香子兰并喜欢把它加在可可饮料中，并命名为chocolat（巧克力）。在征服墨西哥时，西班牙人是最早与这种植物相遇的欧洲人。他们完全控制了香子兰的生产。16世纪，香子兰引入欧洲的过程非常艰难，因为它价格昂贵，并且人们没能在美食中为它找到用武之地。

多亏了自己的西班牙王后，路易十四发现了这种香料。他是法国第一个真正欣赏香子兰的人，希望香子兰能在法国殖民地种植。在他统治时期，波旁岛（留尼汪）和法兰西岛（毛里求斯）多次尝试引种，但没有成功。如果说这种兰科藤本植物适宜生长在潮湿的热带气候，宫廷农学家却没办法在法国殖民地收获香子兰珍贵的荚果。在不懂得授粉之前，人们还不了解美洲的昆虫会为花儿传粉的秘密，而印度洋岛屿上没有这种昆虫。要到七月王朝期间，1841年，波旁岛一位年轻的奴隶用自己的方法成功种植了香子兰并结出果实。

直到大革命时期，香子兰的主要用途是为巧克力调香。人们还用香子兰香精做香水、加在烟草里。香子兰香精逐渐推广到糖果业，随后是糕点业。亚历山大·仲马赞美它“极其细腻”和“如此甜蜜而完美的”芳香。19世纪，香子兰成为冷饮店不可或缺的香料，直至全民推广使用后，成为法国人最喜欢的香味。

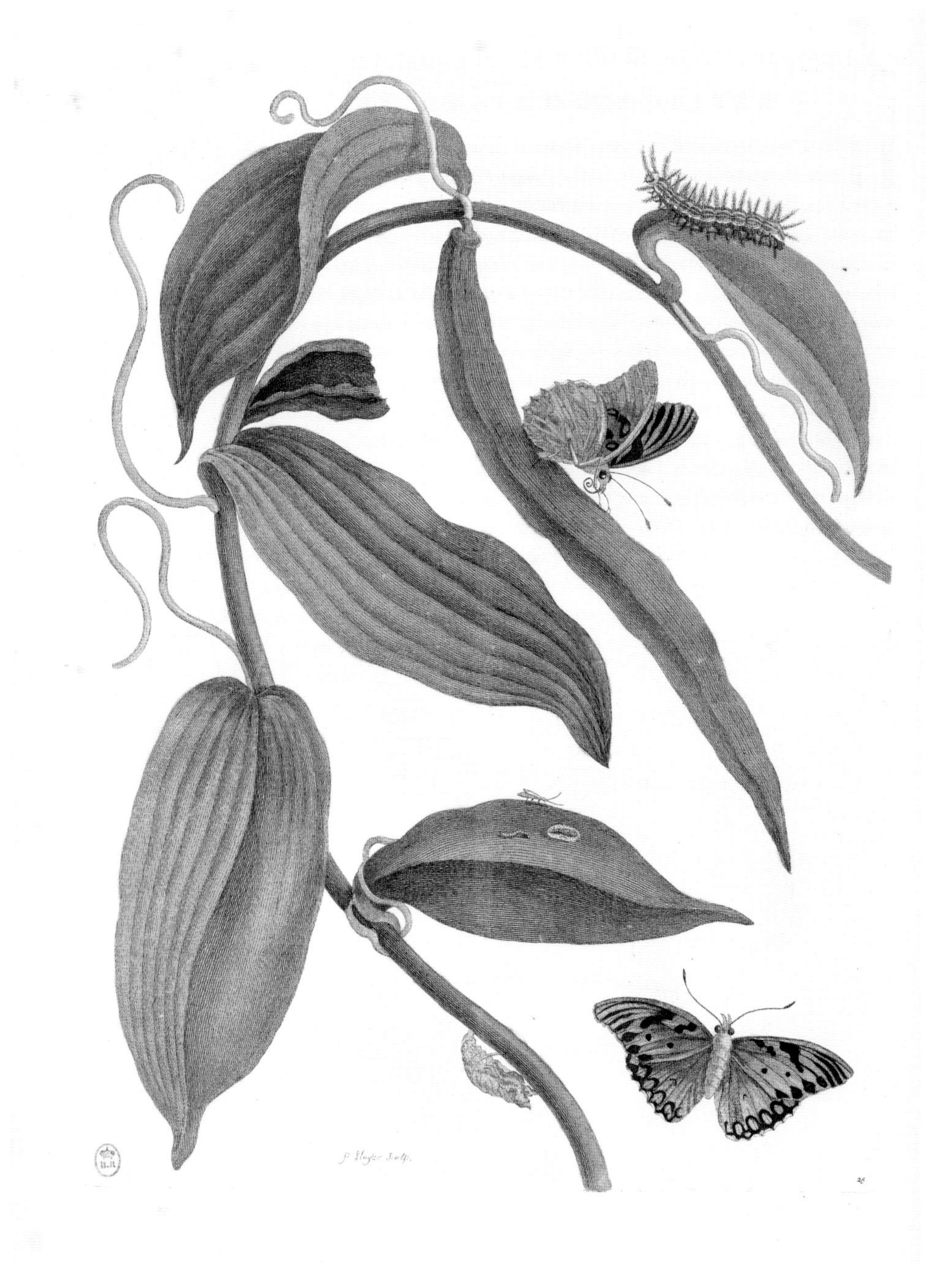

《香草、蝴蝶和蛹》（1719年）
玛利亚·西比拉·梅里安（Maria Sibylla Merian）

大人们喝什么

如果说巴黎饮水的质量一直被疑虑的阴云所笼罩，
法兰西宫廷则对葡萄酒给予充分信任，赋予葡萄酒以品位和卫生的属性。
远征带回的茶、咖啡和巧克力也在宫廷的饮品中占据一席之地。

旧制度时期，法国宫廷最常饮用的主要是葡萄酒，至于啤酒和苹果酒则被认为是平民喝的酒。在巴黎，人们很难获得高品质的饮用水，至少也要等到拿破仑一世时代乌尔克河（Ourcq）改道以后。直到 19 世纪，水是用来稀释葡萄酒的，这种喝法在权贵中间广为流行，可以上溯至古希腊罗马人那里。这是个传统问题，不过也是个口味问题。实际上，当时的葡萄酒比今天的酒精含量要低得多，但代价是也酸得多。亨利三世时代的宫廷甚至仿效意大利人，习惯用雪或者冰代替水。

权贵们同样青睐源自意大利的果汁和柠檬水。其他异国饮料也纷纷出现，1636 年引入了茶，1660 年代引入了咖啡和巧克力。最开始，喝这几种饮料的人很少，这些饮料直到启蒙世纪都还很边缘化，但因为咖啡馆的迅速发展而传播开来，因为喜欢光顾咖啡馆的主要是贵族、大资产者和文人雅士。

17 和 18 世纪发生了两个深刻的变化，彻底改变了法兰西国王的餐桌与葡萄酒的关系。首先，人们更好地掌握了葡萄酒的酿造技术，酒的品质因此成为决定性的标准。直到文艺复兴时代，葡萄酒都被认为是食物和清凉饮料，但从此成为美食的乐趣之一。其次，随着 17 世纪中叶出现了瓶装葡萄酒，葡萄酒的保存方式也在改变。长久以来，桶装酒都是销售的主要形式，酒瓶主要是为了将酒送上餐桌。从此以后，葡萄酒纯粹是葡萄自然发酵的产物，不需要用水冲淡，不需要加蜜变甜，也不需要香草和香料来提香，开始有了我们现代葡萄酒的样子。

一个世纪之后，1650 年到 1750 年左右，贵人们的喜好从淡红葡萄酒和酸酸的白葡萄酒转向红葡萄酒，颜色越来越深，味道越来越醇厚。这种

《喝咖啡的女子》
路易·马兰·博内（Louis Marin Bonnet，不确定）

变化来自英国贵族的影响，他们更喜欢吉耶纳（Guyenne）的黑葡萄酒。那时，弗朗索瓦一世和亨利四世爱品尝阿伊（Ay）和叙雷讷（Suresnes）的白葡萄酒，路易十四按照医嘱只喝勃艮第红酒，尤其是纽伊（Nuits，圣乔治）的陈酒。“陈酒”的叫法说明饮料超过一年，通常在两到五年之间，至于“红酒”的表述实际上很少见，因为当时人们更喜欢“红宝石酒（vermeil）”的叫法。

18世纪末，宫廷喜欢的是朗格多克（Languedoc）的麝香葡萄酒，阿尔萨斯（Alsace）、伍弗雷（Vouvray）的白葡萄酒，罗蒂丘（Côte-Rôtie）和罗讷河谷（Rhône）的红酒。人们还喜欢香槟省的红葡萄酒和白葡萄酒，无论起泡还是不起泡。法国人更愿意喝的是不起泡酒。起泡香槟比我们今天的香槟酒要甜得多，并且大量出口英国、普鲁士和俄罗斯，成为沃波尔[30]（Horace Walpole）、腓特烈二世（Frédéric II）和卡捷琳娜二世（Catherine II）最爱饮用的佳酿。

当时，波尔多的葡萄酒几乎与宫廷酒窖绝缘，因为1709年的严寒摧毁了这里的葡萄园。在布列塔尼人的推动下，梅多克（Médoc）和格拉芙（Graves）重新开始种植葡萄，比如玛歌（Margaux）、波美侯（Pomerol）、圣艾米利永（Saint-Émilion）、波雅克（Pauillac）这样的地区实现了真正的飞跃。波尔多的红、白葡萄酒在1750年前后销到巴黎，但喝的人很少。产品主要用于出口，其中包括年轻的美国，比如杰斐逊（Jefferson）酷爱伊甘酒庄（château-d'yquem）的出产，他曾说“这是一种绝妙的酒，似乎比我在法国喝过的任何一种酒都要好，更能满足美国人的口腔”。

1793年德·庞提耶弗尔（de Penthièvre）公爵在索（Sceaux）城堡的酒窖清单给了我们一个清晰的概念，从而了解旧制度晚期王公们喝什么酒：250百升葡萄酒，一半桶装，一半瓶装，陈酒比当年新酒要多。绝大多数是红酒，主要是勃艮第红酒，也有昂布瓦兹（Amboise）、波尔多、

30 霍勒斯·沃波尔（1717—1797），英国贵族、作家。他的《奥特兰托城堡》（1764年）首创了集神秘、恐怖和超自然元素于一体的哥特式小说风尚，形成英国浪漫主义诗歌运动的重要阶段。

教皇新堡（chateauneuf-du-pape）、罗讷河谷的酒。白葡萄酒方面，可以找到托内尔（Tonnerre）、昂布瓦兹和香槟的出产，其中有760瓶起泡香槟酒。他的酒窖里还收藏了很多外国酒：西班牙马拉加葡萄酒、塞浦路斯麝香葡萄酒、希腊马尔瓦齐葡萄酒、莱茵河葡萄酒、匈牙利托卡依葡萄烧酒（路易十四称其为“葡萄酒之王和王之酒”）、好望角葡萄酒……这些来自遥远地方的酒非常时尚，因为稀有和昂贵而受欢迎。

在19世纪拿破仑三世时代，波尔多和勃艮第的竞争达到顶峰。1855年为葡萄园定级确立了名酒的名单，同时也确立了波尔多酒的高贵地位。当然勃艮第也没有落下。人们想出了把市镇名加入酒名的主意，热夫雷变成了热夫雷—香贝坦（gevrey-chambertin），阿罗克斯变成阿罗克斯—科尔登（aloxe-corton），沃恩变成沃恩—罗曼尼（vosne-romanée）。从此诞生了真正的名酒神话和葡萄庄园地图，其重要谱系就是我们今天所熟知的样子。

《快乐的葡萄收获》（局部）
德尼·朗德利（Denis Landry，不确定）

下页：《恋人》
让—马克·那提埃（Jean-Marc Nattier，不确定）

Reveille toy Gregoire
Reveille toy pour boire.
Chantons Chantons la Gloire.
Du grand Dieu qui fait boire.
Chacun se rejouit, et tous le Verre en main
S'efforcent de noyer leur ennui dans le Vin
Soldat, Bourgeois, Manan, tous chantent les louanges
Du Grand Dieu qui produit de si belles Vandanges
Et l'heureux Villageois oubliant tous ses maux
Dance avec sa Bergere au son des Chalumeaux.
Chers Amis imitons ces Enfans de la Treille;
Ainsi qu'eux armons nous de Verre et de Bouteille

巧克力出现了

一直以来，巧克力在欧洲都是奢侈食品，但是它在美洲殖民地很快成为大众饮料。它是著名的热饮三宝“茶、咖啡、巧克力”中第一个进入欧洲的。

在阿兹特克人那里，巧克力就是一种以可可糊为基础的复合饮料。不过，西班牙人改变了配方，去掉辣椒加入糖，使巧克力不那么刺激而更加顺口。制作方法非常简单，把磨碎的可可粉与糖和香料混合，用水稀释然后煮沸。用搅打棒在搅拌器里搅打，通过振动可可液而产生气泡。

1660 年，法属安的列斯岛种下了最早的可可树。1679 年，凯旋号运载着殖民地的第一批可可产品从那里出发回到法国。

巧克力饮料在 1615 年路易十三与奥地利的安娜（Anne d’Autriche）举行婚礼之后流行开来，安娜是西班牙国王腓力三世（Philippe III）之女。

不过 1660 年之后在法国掀起巧克力热潮的却是太阳王的妻子奥地利的玛丽—泰莱兹（Marie-Thérèse d’Autriche）。巧克力是如此受欢迎，路易十四不得不在 1693 年下令凡尔赛举办的宴会不再提供巧克力，因为战时要厉行节俭。

18 世纪是巧克力的巅峰世纪，尤其是摄政时期。但这种成功也是相对的，因为巴黎的大人物有时会饮用，上年纪的贵人经常饮用，平民百姓则从未喝过。围绕巧克力的制作和消费发展出一整套艺术品，有巧克力专用的壶、杯和其他御用工坊出品的用具。巧克力在特权阶层生活习惯中的重要性可以在如艺术家小莫罗（Moreau le Jeune）或者弗朗索瓦 · 布歇（François Boucher）的绘画和版画中有所表现。莫扎特的歌剧《女人心》（*Così fan tutte*）也提到过巧克力饮料。

《午餐》(局部，1739 年)
弗朗索瓦 · 布歇

《牡蛎午餐》(局部，1735 年)
让—弗朗索瓦·德·特鲁瓦(Jean-François de Troy)

香槟！

自高卢—罗马时期，兰斯（Reims）周围就开始种植葡萄了。香槟是最早被列入“法兰西”（巴黎盆地）名酒的，不过要到亨利四世时期才博得众望所归的盛名。香槟最初是不冒泡的，没有气泡，呈白色或者灰色。到 17 世纪，多亏了唐 · 培里侬（dom Pérignon，1638—1715），香槟才发生了噼啪作响的革命，不过这里也有英国人的贡献。

葡萄汁的发酵很难控制，必须使用结实的瓶子和更厚的玻璃。英国人在将啤酒装瓶时也遇到过同样的困难，是他们为这种饮料发明了可以固定瓶塞的铁丝封口。我们海峡对岸的邻居、香槟的狂热爱好者整桶进口香槟，然后自己装瓶。

奥维耶修道院的本笃会修士唐 · 培里侬极认真地监管葡萄和压榨机。他在法国南方的利穆（Limoux）发现了一种使葡萄酒起泡的新方法，将好几个葡萄园的收获和不同的葡萄品种混在一起以改善香槟的质量和稳定性。从此以后，香槟以黑皮诺、莫尼耶皮诺和霞多丽为基础进行酿造。吊诡的是，最著名的白葡萄酒之一主要是由黑葡萄酿造而成！唐 · 培里侬还选择更厚实、更坚固的玻璃，改进了酒瓶的质量。

18 世纪，香槟占领了自法国宫廷开始欧洲的所有餐桌。香槟酒最有名的大使是德 · 蓬巴杜夫人（de Pompadour），她曾形容这种酒：“是唯一一种女人喝过之后依然美艳动人的酒。”甚至有传说香槟酒杯是以她的胸脱模而成。塔列朗认为香槟是“文明之酒”，香槟在 19 世纪成为节日和巴黎风格的绝佳饮品。画家让—弗朗索瓦 · 德 · 特鲁瓦的《牡蛎午餐》再现了这个美妙时刻。作为节日狂欢的象征，在如此独特的“砰的”一声之后，香槟从酒瓶里喷涌而出。

下页：《拿破仑一世招待的晚餐》（局部，1807—1808 年）
让（Jean）

Diné donné par Sa Majesté **NAPOLÉON I.er** *Emp*
Confédération du Rhin, à leurs Majestés **ALEXAN**
de Prusse, et le Grand Duc de Berg, Santé portée à

A Paris chez Jean Rue

r des Français, et Roi d'Italie protecteur de la
I.er Empereur de toutes les Russies, FRÉDÉRIC III. Roi
jesté l'Impératrice JOSEPHINE .

an de Beauvais N.º 10.

拿破仑一世与香贝坦

和众多前任不同的是，拿破仑一世给人留下的印象既非细腻的美食家也不是特殊的食客。这是位忙碌的人，在巴黎杜伊勒里宫时，他吃饭很快，在战场的营地更快。然而他的名字还是与勃艮第名酒之一连在一起：热夫雷—香贝丹。实际上他每餐会喝上半瓶。

年轻的波拿巴可能在1788年就发现了这种酒，当时他所在的部队拉菲尔团正在奥克松[31]（Auxonne）驻防。此后，他一生和这种酒结下了不解之缘。他的私人秘书布里耶纳（Bourrienne）在回忆录中说，拿破仑远征埃及时带了大量的瓶装香贝坦，最后竟没有喝完。这些酒两次穿越地中海和沙漠才运到弗雷瑞斯[32]（Fréjus）。令人大为惊讶的是，到达的香贝坦和出发前一样好喝，从而证实了这种酒极耐保存的名声。埃尔兴根（Elchingen）战役之前发生的这则轶事被皇帝的侍从蒂亚尔（Thiard）将军的回忆录所证实："让他恼火的是，在欧洲这个土壤如此肥沃之地却只有劣质啤酒，而在上埃及，即使在穿越沙漠时，他都随时能喝到香贝坦。"

还有一则俄罗斯战役的传说，拿破仑的副官会把一瓶香贝坦放在怀里保温，因为皇帝喜欢喝室温的酒。但他从不喝纯的香贝坦酒。最著名的帝国史学家之一弗雷德里克·马松（Frédéric Masson）写过，拿破仑总是喝"掺了很多水的"香贝坦。他喝香槟时也如此这般（他偶尔会不忠于勃艮第酒而喝香槟），加很多水调成他玩笑地称为"我的柠檬水"的饮料。

31 法国勃艮第大区的奥克松市，1788年至1789年或1791年间，拿破仑曾在此担任驻防部队的炮兵长。

32 是法国在地中海沿岸的港口。

《拿破仑在营地》（局部，1805 年）
让—巴蒂斯特·维尔兹（Jean-Baptiste Verzy）

Les audiences d'un Gourmand.

菜谱与菜单

菜谱

西班牙荤杂烩

松露舌卷

香堡式鳟鱼

牡蛎杂烩

惊喜之作：松露酥皮馅饼

鲜豌豆

国王蛋糕

好基督徒梨馅烤饼

菜单

1683 年路易十四的一次晚膳

1868 年的皇家晚膳

舒瓦齐菜单

OIL EN GRAS

西班牙荤杂烩

=

Le Cuisinier roïal et bourgeois
de François Massialot
《宫廷和有产阶级的菜谱》
弗朗索瓦 · 玛西亚洛
(1705年)

西班牙杂烩（oil 或者 oille）是17 世纪末玛丽—泰莱兹嫁给路易十四时带入法国的。这是一道几种肉类和蔬菜混在一起煮的汤（olla 在西语中意为“荤杂烩”）。这道菜装在绝妙的“杂烩锅”里端上王公们的餐桌，起到重要的装饰作用。

精选各种肉类，就是说，牛臀、牛腿、羊肩、鸭、山鹑、鸽子、鸡、鹌鹑，一块生火腿，还有香肠和冷熏肉肠。将全部食材裹上黄油面粉糊，根据每种食材所需的火候依次放入罐中，然后在罐中加入黄油面粉糊的芡汁。在去除血沫之后，将盐、丁香、胡椒、豆蔻、芫荽、姜这些调料全部捣碎，和百里香、罗勒一起用布包起来放入汤里调味。随后，在汤中加入开水烫过的适量叶子和根类菜，比如洋葱、韭葱、胡萝卜、欧防风、欧芹根、卷心菜、萝卜和其他蔬菜。要用汤盆来装菜，比如银汤锅或其他适用的容器。汤一炖好，您就把面皮掰碎，放在已去除油脂、调好味道的汤里用文火炖煮。在喝汤之前、小火炖煮的过程中，您还要加入很多去除了油脂的汤。您在盆中摆放炖好的家禽和其他肉类，如果只有一个汤盆，就再点缀上根类蔬菜，不然您就不加蔬菜，把汤盆放在银质托盘上，再放一把银质汤勺在汤盆里，这样当西班牙荤杂烩上桌之后，每个人都可以用汤勺舀汤了。

LANGUE FARCIE AUX TRUFFES

松露舌卷

=

Cuisinier Durand
de l'auteur éponyme
《大厨杜朗》
杜朗
(1830年)

这道菜作为冷盘，在用过汤之后食用。
作者夏尔勒·杜朗（Charles Durand）
是位著名的尼姆厨师。
他让巴黎领略了普罗旺斯烹饪的妙趣，
尤其是一道尼姆的著名特色菜：
普罗旺斯奶油焗鳕鱼。

用清水洗净舌头，然后用沸水汆烫，清洗干净并去掉表皮。随后沿着纵向在里面塞入用盐和调料腌制过的大块肉丁和同样切成大块的松露，把它们塞到肠衣里，将两头绑住，然后用盐和调料将舌头腌制两三天，每天翻转。之后，放入水中在炭火上煮。

菜 谱

TRUITE À LA CHAMBORD

香堡式鳟鱼

=

La Cuisine classique (*t. I*)
d'Urbain Dubois
et Émile Bernard
《经典烹饪》第一卷
乌尔班 · 杜布瓦和埃米尔 · 贝尔纳
(1868年)

乌尔班 · 杜布瓦最早曾是为奥尔洛夫（Orloff）亲王服务的厨师，最后成为普鲁士国王和德皇威廉一世（Guillaume Ier）的司膳总管。他在威廉一世的宫廷里遇到了曾效力拿破仑三世的厨师埃米尔 · 贝尔纳。杜布瓦是热情的革新者，因为菜肴的摆盘装饰而极受注目。他还参与了在法国推广俄式上菜顺序。

香堡式鳟鱼应该入选最优雅的菜品名录，但鳟鱼必须肥美和极鲜活。只有满足了这个条件，鳟鱼才能得到鱼鲜爱好者的青睐。鳟鱼细腻的肉不需要任何腐化[1]，给鳟鱼去鳞、掏空鱼肚，如果可能尽量不要剖开鱼腹，在鱼腹中塞入常见的馅，绑住鱼头，盖上一层肥肉，用细绳把肥肉和鱼绑定，然后把它放到包边深底锅[2]里。实际上，要在下面薄薄地铺上蔬菜，倒入优质白葡萄酒至覆过鳟鱼，煮至白葡萄酒即将收干，然后把锅移到文火上再煮 1 个小时 15 分钟，半小时之后将鳟鱼翻个儿，但要经常在鱼身上浇些汁。等鳟鱼煮到恰到好处，沥干不要弄散，拆开绳子，在菜盘里摆好，肚子朝下蒸 10 到 12 分钟，随后沥干水分。在盘子的一边，摆两把蘑菇菌盖，两把蘑菇之间摆上一把小香肠，盘子的另一端，将一簇牡蛎摆在两簇鱼白[3]的中间。在两端，各摆放一束完整但削了皮的松露，盘子两侧的配菜应该以点缀着松露的鱼肉肠来分隔。用毛刷给松露刷上鱼冻，在鱼肠和牡蛎上浇一点诺曼底酱汁——用一部分锅里剩下的鳟鱼汤收汁而成。把剩余的倒入船形调味杯里。

1 将野味等新鲜肉类放置至微腐，从而使肉质变嫩并产生某种特有气味。

2 乌尔班 · 杜布瓦 1889 年在《城市和乡村有产阶级的时新烹饪》(*Nouvelle cuisine bourgeoise pour la ville et pour la campagne*) 中关于深底锅的定义：深底锅为铜制，内里镀锡。它可以用于任何烹饪方式：烤肉，或者炖鱼炖肉。它常被当作双层蒸锅用，或者用来冷却肉冻以及用模具制作的餐末甜食。

3 即鱼子。

HUÎTRES EN RAGOÛT

牡蛎杂烩

=

Le Cuisinier françois
de Pierre François
de La Varenne

《法兰西大厨》
皮埃尔·弗朗索瓦·德·拉瓦莱纳
(1651年)

皮埃尔·弗朗索瓦·德·拉瓦莱纳的《法兰西大厨》被认为是第一本现代意义上的烹饪书。一个多世纪以来，法国没有出版过任何烹饪书，拉瓦莱纳革新了烹饪书的写作方式，他将菜肴按字母顺序编排，为所有菜谱编号，并详细描述了进餐的过程（汤，头盘，烤肉，餐间小食）。在17世纪，一切都可以杂烩，牡蛎杂烩非常流行。这道牡蛎杂烩的菜谱被列为封斋期饮食的头盘，但这些贝类无论在平日还是斋日都可以食用。

挑选新鲜的牡蛎，撬开，但要当心它们是否已变质，把牡蛎互相敲击，发出砼砼声的就是变质了，只能用盐腌。从贝壳里取出牡蛎，仔细去掉沙砾，与牡蛎的汁液一起放入盘中，和新鲜黄油、切碎的洋葱、欧芹、刺山柑花蕾和少量面包屑一起烩，煮好就可以吃了。

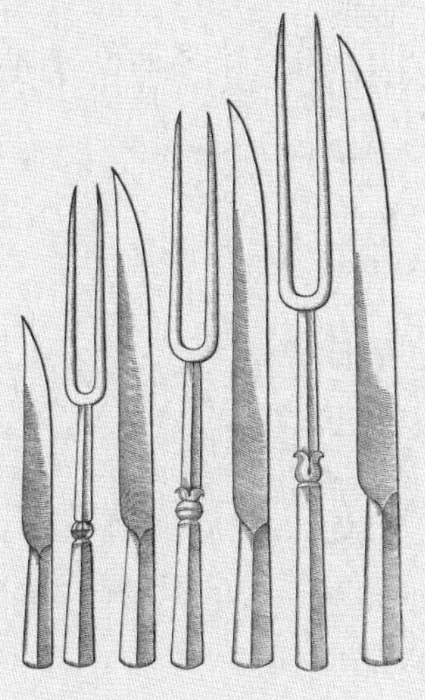

TRUFFES-CROUSTADES EN SURPRISE
惊喜之作：松露酥皮馅饼

=

Le Pâtissier royal
d'Antonin Carême
《宫廷糕点师》
安托南·卡莱姆
(1815年)

卡莱姆在成为大人物的厨师长之前是糕点师，绰号“厨师之王”或者“王之厨师”，这些大人物包括塔列朗、俄罗斯沙皇亚历山大一世（Alexandre Ier）、未来的英国国王乔治四世（George IV）。他最后在罗斯柴尔德家族华丽谢幕。

这道好吃的头盘既优雅又华贵，极其出众。把12个品相完好、大小均匀的松露用温水刷洗干净之后用香槟煮，随后把它们沥干晾凉。接着把它们放稳当，用切根器沿松露的高度切掉四分之一，随后您再用刀尖剔掉小菌盖，用一把咖啡勺慢慢（小心地）掏空松露。最后，松露肉被完美地掏空，而外皮也没有被捅漏，在上菜时，您给它塞入一勺与蘑菇同炒的家禽或野味肉泥，或者家禽肉丁——家禽和松露切成同样大小的丁，或者切成同样形状的鸡肾和松露，或者切成丁的鸡冠和松露，最后全部浇上奶油调味汁。在旁边配上一小片鹅肝、一片松露或云雀肋肉，或者小蘑菇和无限多种可能的其他野味，后面这些您可以配西班牙汁。填好松露以后，您用刚才掏空时切下的松露菌盖覆在上面。有时候仆人会用一块有锦缎花纹的餐巾奉上这些美味的松露。

POIS VERTS
鲜豌豆

=

L'Art de bien traiter
de L. S. R.
《烹饪的艺术》
L.S.R.
(1693年)

我们并不确定隐身于首字母姓名 L. S. R. 后面的那个人。
对某些历史学家来说，这是某位“罗贝尔先生”，另一些历史学家认为是“罗朗先生”。可以确定的是，
他被公认是位伟大的厨师，
曾在枫丹白露城堡和沃子爵城堡任职。

L.S.R. 希望与传承自中世纪的复杂烹饪传统决裂，停止用过多的调料掩盖食材本身味道的做法。他提倡达成食材与精细料理的平衡，以此为基础进行精致烹饪。这些今天被称为“小豆子”的鲜豌豆作为餐间小食，在路易十四的宫廷里掀起真正的热潮，国王本人就极爱吃鲜豌豆。

如果豌豆非常新鲜而且是第一批应季采摘的，把豌豆放到锅里，用一半黄油一半小肥肉丁翻炒，但不要炒到发红。用极少的盐和调料调味，尽量不破坏它清甜的自然味道。放几个切碎的、焯过水的圆生菜心，一点香葱叶，少量百里香，除非一两勺高汤，一定不要放水，因为蔬菜本身就有足够的水分。同样需要保持豌豆的绿色，否则豌豆会因为煮得过久而变黄。在吃之前，丢适量的奶油进去，搅拌五六下就迅速端上桌。

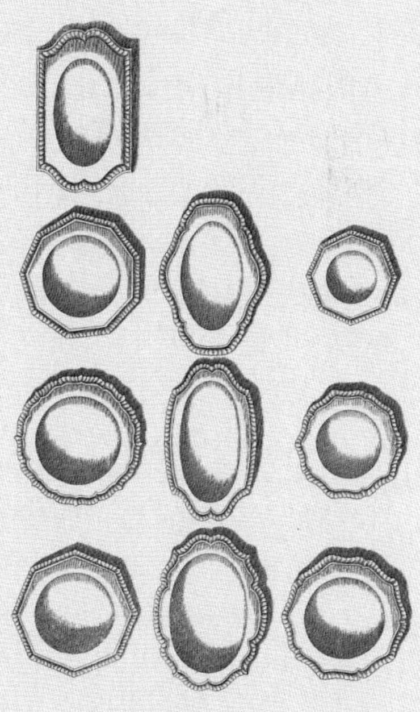

BISCUIT DU ROY

国王蛋糕

=

Les Délices de la campagne
de Nicolas de Bonnefons

《乡村野趣》
尼古拉·德·博纳丰
(1655年)

直到大革命，
这款点心都被认为是“绝妙的”。

需要1利弗尔糖粉，3/4斤小麦精粉，8个鸡蛋。将所有原料放在锡盆里用木刀搅打，直到搅打成有白泡沫的面糊，加入捣得微碎的茴香，再长时间搅打。然后倒入白铁蛋糕模或者纸蛋糕模里，但要在蛋糕模里涂上黄油防止面团粘在上面。随后，在面糊表面抹上糖稀以形成糖层，放入温度合适的炉子中。烤炉的炉拱要比壁炉大一些，事先试烤一下以免出错。如果您想做得口感更细腻，需要10个鸡蛋并去掉4个蛋白。

TOURTE DE POIRES DE BON CHRÉTIEN GRILLÉES

好基督徒梨馅烤饼

=

Le Cuisinier moderne
de Vincent La Chapelle

《现代厨师》
万桑·拉夏贝勒
(1735年)

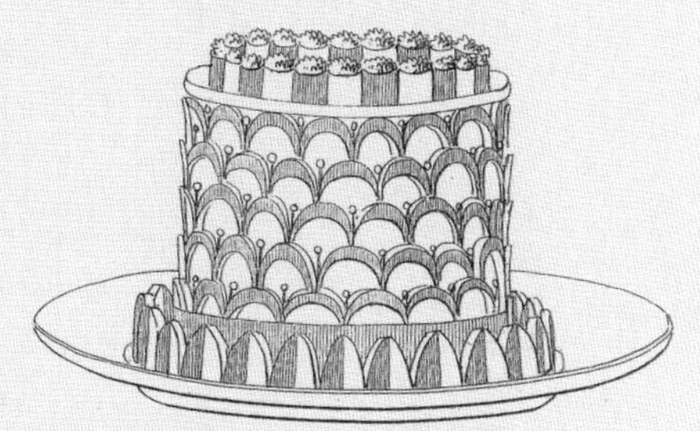

国王菜园里出产一种叫作“好基督徒”的梨，路易十四和著名的园丁让·德·拉坎蒂尼都特别喜欢。国王乐于让人用这些梨做成糕点来款待他同为君王的朋友们。

把几个梨一切为二，如果很大就一切为四。去掉梨核并削皮，将梨肉焯水。随后，将适量的糖粉放在长柄平底锅里，加些水将糖溶化，然后放入双倍的搅打蛋白。把糖锅放在火上待其澄清，澄清之后，把梨放进去煮。煮过之后，把梨取出来，将糖汁收干直到略呈金色。

然后，把梨重新放入，这一切一直在炉火上进行直至梨肉呈现漂亮的颜色。如果糖汁不够浓，您可以再放一些糖粉进去，这将方便后面的烘焙。现在取一块烤好的面皮。把梨倒入碟子或者没托没盖的盘内，立即放在熟的面皮上烤制，无论凉热都可以作为餐间小食。您也可以把梨放在生面皮上用炉子烤熟。

菜单

UN DÎNER DE LOUIS XIV EN 1683

1683 年路易十四的一次晚膳

国王习惯在晚 10 点钟左右用“晚餐”。在简单进餐时，他独自一人。路易十四虽然几乎没牙了，但他胃口极佳。

汤

养生鸡（2 只）汤

山鹑（4 只）卷心菜汤

小份汤

比斯开笼养乳鸽（6 只）汤[4]

鸡冠高汤[*]

两道前菜小冷盘

炖鸡块

山鹑

头盘

1/4 头小牛肉（总共 20 利弗尔）

鸽肉馅饼（12 张）

小份头盘

炖鸡（6 只）

山鹑（2 只）肉糜

4 道小份凉菜头盘

卤山鹑（3 只）

炭烤馅饼（6 张）

烤火鸡（2 只）

松露肥母鸡（3 只）

烤肉

肥鸡（2 只）

母鸡（9 只）

鸽子（9 只）

阉仔鸡（2 只）

山鹑（6 只）

馅饼（4 个）

水果

生水果（2 瓷盆）

蜜饯（2 瓷盆）

煮水果或稀果酱（4 盆）

4 菲洛（Féraud）的《法兰西语言批评辞典》（*Dictionaire critique de la langue française*，1787—1788）中给出如下解释：“比斯开汤，是一道以比斯开虾、鱼和鸽子等为食材的浓汤。”

* 鸡冠高汤，是以鸡冠以及牛肾、牛胸腺、鹅肝和蘑菇碎肉为食材的汤。

菜单

DÎNER DE LA FAMILLE IMPÉRIALE EN 1868

1868 年的皇家晚膳

这次 60 人的晚餐是在杜伊勒里城堡举行的。皇帝和欧仁妮皇后举办的宴会极为奢华。装饰得富丽堂皇、摆满精致菜肴的餐桌，可不仅仅是一张简单的大桌子。

4 道汤
2 份比斯开虾汤
2 份意大利汤面

冷盘
炸鮈鱼
家禽肉丸

4 个大盘
大菱鲆配螯虾汁
肉冻火腿配菠菜

20 份头盘
2 份骑士炖鸡
2 份图卢兹式猛禽
4 份小羊肋排配豌豆泥
4 份鹅肝酥皮馅饼
4 份肉冻
4 份鲑鱼块配酸辣汁

4 道烤肉
烤新鲜母鸡
烤半扇狍子

20 份餐间小食
4 份芦笋配荷兰汁[5]
4 份炒洋蓟
2 份蛋白饼干塔配咖啡
2 份那不勒斯蛋糕
2 份中国点心
2 份水果拼盘
2 份草莓果冻
2 份巴伐利亚香草味果冻蛋糕

5 路易十四时期出现的一种清淡调味汁，主要成分是柠檬汁、蛋黄、黄油，因诞生于荷兰战争（1672—1678）期间而得名。

菜 单

MENU DE CHOISY

Souper du jeudi 31 mai 1753

舒瓦齐菜单

1753年5月31日周四晚膳

路易十五习惯在舒瓦齐的宅邸举办私人晚宴。

这份菜单选自布兰 · 德 · 圣马利（Brain de Sainte-Marie）手写的舒瓦齐菜单系列。

固定菜品

2 道豪华头盘	2 道汤
牛腰肉	油浸鹅肉卷心菜浓汤
1/4 头舒瓦齐饲养场牛肉	什锦菜汤

2 道杂烩

菜泥杂烩

西班牙杂烩

头盘

小配食	香草羊舌
（捶半松）羔羊排	牛脑小香肠
小母鸡配珍珠酱[6]	小母鸡腿
都灵式牛舌	嘉布遣式羊肉方
卤汁肉酱	“太阳”鱼翅
马提尼翁式小火鸡	普罗旺斯式羊蹄
格但斯克式牛里脊	切片母鸡配黄瓜
鸡肉块配奶油汁	油炸千层酥
肋软骨配辛加拉汁*	鸡腿
日内瓦式兔里脊	牛腿肉配菊苣

6　葫蒜、蒜、鱼松、白醋、香槟、油、柠檬汁调制而成的酱汁。

*　主料为腌渍口条的酱汁。

4 道副菜

佛兰德式栗子火锅　羊头肉

舒瓦齐带骨羊脊肉　科镇洋葱鸡

2 道大份餐末甜食[7]

奶油圆面包　杏仁脆饼干

4 道中份餐末甜食

尚蒂伊馅饼　腌渍口条

米饼　冷冻奶油樱桃馅饼

烤肉类

培蒂耶尔母鸭

小母鸡　笼养鸽子

鲁昂乳鸭　安托瓦纳先生乳兔

仔鸡　野仔兔

肥火鸡　野仔鸽

鹌鹑　舒瓦齐笼养鸡

20 道小份餐末甜食

巧克力奶　黄油洋蓟

青豌豆　清水荷包蛋

芦笋　黄瓜

蹄爪　水晶洋蓟

酸辣汁拌鸡冠　羊胸腺肉冻

乱炖　弗莱兹奶油水果小馅饼

花椰菜　小海绵蛋糕

马莱蚕豆　熏舌酱

脊髓　青豌豆[8]

菠菜　斯特拉斯堡奶油

7　在奶酪之后、甜点之前食用，有时也可代替甜点。

8　在此出现两遍，原文如此。

重要宴会纪事

1520年6月17—24日
金帐篷节庆

是弗朗索瓦一世为吸引英王亨利八世（Henri VIII）并说服他与自己组成联盟而举办，弗朗索瓦一世需要用联盟来遏制查理五世[1]（Charles Quint）日益壮大的力量——这两位国王竞相展示各自的创造力，实践自己伟大的文化和政治抱负。

最有名的一次宴会于1520年6月17日举行。五次历史性的招待，共248道菜：摆出造型的家禽，烤乳猪，小羊腿，鲑鱼硕得玛尔（白葡萄酒炖鱼），科尔马力（葛缕子和芫荽汁猪肋排），英王极为赞赏的牛腰肉，以及大量的餐间小食，还有英国人非常喜爱以金粉装饰的五彩缤纷的果冻。宴会的惊喜是一道地球形状的巨大菜肴，由弗朗索瓦一世亲自设计，集合了“陆地和大海里所有动物的味道”。甜点更为壮观，表现了梅吕希娜[2]（Mélusine）的中世纪城堡，蛋糕的框架是以水果馅饼搭建。结束宴会的是英国人的传奇英雄：化身为糖人的亚瑟王、黑骑士、梅林（Merlin）和仙女摩根（Morgane）。

节庆于6月24日降下帷幕，双方许下永久和平的诺言并互换礼物。奢华的金帐篷消失的速度与建造的速度同样快。法国国王的希望遭遇了同样的命运，大约两周之后，亨利八世与查理五世见面，并保证支持他。

1 查理五世，即卡洛斯一世（1500—1558），西班牙国王、神圣罗马帝国皇帝。

2 中世纪欧洲传说中的水精灵。

《金帐篷营地》（局部，1774年）
詹姆斯·巴泽尔（James Basire）和爱德华·埃德伍兹（Edouard Edwards）

1571 年 3 月 30 日
巴黎城举办宴会

为欢迎年仅 16 岁、刚嫁给查理九世（Charles IX）4 个月的奥地利的伊丽莎白（Élisabeth d'Autriche）而举行。时间是封斋节期间的一个周五，因此宴会提供了令人瞠目的大量鱼类和贝类、青蛙甚至还有 50 古斤的鲸鱼。宾客们用糖做的盘子、碗大吃大喝。餐桌的装饰同样以糖制作，表现密涅瓦（Minerve）女神的生平故事，为法兰西的艺术家们提供了一个展示才能的机会。

《宴会》（1550 年？）
安托瓦纳 · 卡隆（Antoine Caron）

1577 年 6 月 9 日
卡特琳娜 · 德 · 美第奇举办宴会

在舍农索城堡的长廊里举行。当时的史官皮埃尔 · 德 · 雷托瓦勒在《日记回忆录》中吐槽当天的配膳室给他的印象："这次宴会上，宫廷里最美丽正直的侍女们充当上菜侍女，衣带半解，发丝蓬松，像是已婚妇女。"切肉侍从们也换了装扮。肉食的内容也变了，拉伯雷每天吃不厌的永恒的烤肉、蚕豆、豌豆、卷心菜和萝卜让位于新口味：下水杂烩、家禽肉肠、鸡冠、脑髓、煎饼和其他以洋蓟为底的杂烩。宴会之后接着是舞会。

1594 年 2 月 27 日

亨利四世在沙特尔加冕为法国国王

法国国王一般都是在兰斯加冕，亨利四世是个特例。加冕礼之后，亨利四世在主教府举办盛大的宴会。亨利四世并不热衷大型庆祝和宴会，这是他在位期间极少见的一次宴会。是他开创了“砂锅炖鸡”作为法国国菜的先河。

1633 年 5 月 14 日

圣灵骑士宴会

在枫丹白露城堡的舞厅举行。路易十三居首席，他独自一人坐在大厅深处的一张桌子旁，周围是当天获得晋升的主教们，五十位被提名的骑士中，有部分出席。亚伯拉罕 · 博斯（Abraham Bosse）在版画中细致地描绘了路易十三宫廷宴会的细节。

1660 年 6 月 9 日

路易十四与西班牙公主玛丽—泰莱兹的婚礼

庆祝活动在圣让德吕兹举行。路易十四的母亲，奥地利的安娜，在菜单上写下 oille（西班牙杂烩），也叫 olla，这是一种由蔬菜和肉类煮成的汤。

1661 年 8 月 17 日

子爵谷宴会

财政大臣尼古拉 · 富凯为国王举办，这次宴会的盛况流传至今。6000 个餐盘和 500 个纯银托盘摆放在宾客面前，仅国王的一张餐桌就有 500 个纯金的餐盘和摆件。娱乐节目有莫里哀、吕利和拉封丹的作品。太过成功了，被判定为于厨事上“亵渎君主之罪”，这次宴会加速了富凯在 1661 年 9 月 5 日的被捕，他的全部财产也被没收。

1664年5月7—14日
魔力岛之趣

开幕了。这个巨大的节日是路易十四为他的第一个正式情妇德·拉瓦利耶尔（de La Vallière）公爵夫人举办的。奢靡的餐食、戏剧和音乐表演、烟火、马术比赛和芭蕾在凡尔赛的花园里持续了一周。

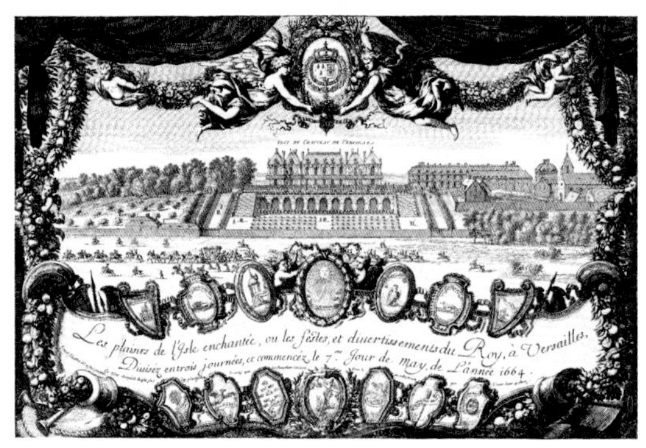

《魔力岛之趣游乐会》（1664年）
伊斯拉埃尔·希尔维斯特（Israël Silvestre）

1668年7月18日
凡尔赛大型宫廷游乐会

路易十四为庆祝征服佛兰德的军事胜利而举办。3000多人受邀参加这次游乐会。

1671年4月24日
孔代（Condé）亲王的宴会

在尚蒂伊为欢迎路易十四而举行。宴会持续了三天。城堡的总管瓦泰尔（Vatel）只有15天来准备迎接国王及其宫廷3000人的到来。4月23日，节庆以游览花园拉开序幕。丰富而花样繁多的冷餐摆放在树林间。在战争画廊摆了25桌豪华晚宴，每张桌子摆放了枝形大烛台和水果塔。转天周五是斋日，瓦泰尔没有等到他为宫廷宴会预订的大量海鱼。从诺曼底来的运输车晚了几个小时，他的荣誉堪忧。他再也无法忍受，把剑固定在门上饮恨自尽。一个小时之后，被盼望已久的大菱鲆、鳐、菱鲆、鳎、牡蛎和扇贝终于运抵城堡。

1674年7月4日—8月31日
凡尔赛的游乐会

这是路易十四漫长统治生涯中的最后一次节庆，庆祝征服弗朗什—孔泰。戏剧和音乐成为主角，还有点心、烟花以及沿着灯火通明的大运河散步等助兴活动。

1687年1月30日
巴黎市政厅为路易十四的健康而举办的晚宴

路易十四1686年11月18日做了瘘管手术。庆祝宴会上第一次奉上“诺阿耶式煎蛋”（以杏仁、牛肉和柠檬佐配）。莫热（Mauger）镌刻的纪念章、尼古拉·德拉吉利埃（Nicolas de Largilli ère）的一幅画记录了这一盛况，还有当时的报纸《公报》《法兰西信使报》的报道和《宫廷年鉴》都有记述。

《御座大厅宴会》（1687年）
皮埃尔·勒珀特

1717 年 5 月 23 日

摄政王为沙皇彼得大帝举办的晚宴

沙皇及其随行下榻在圣克鲁。他作为主宾参加了好几天的节庆、宴会，多次访问凡尔赛、杜伊勒里、马利和巴黎。沙皇尤其喜欢啤酒，在歌剧院观看演出时，漫不经心地要喝一杯，摄政王愉快地让人为他端上一茶碟啤酒。

1729 年 9 月 7 日

为王太子的洗礼在巴黎市政厅举办晚宴

路易十五和玛丽·莱什琴斯卡的儿子于 1729 年 9 月 4 日出生。共为国王上了“44 道头盘，42 种烤肉，40 道冷点，48 道热点，150 盘甜点，8 篮华夫饼和 12 篮不同口味的果汁冰糕［……］。巴黎市政厅长官亲自为他端上鳕鱼螯虾饭、茴香小斑鸠、月桂鹌鹑、帕尔马干酪火鸡翅、鲁昂香橙乳鸭、嵌烤小鹿、松露小灌肠和填馅鳟鱼［……］”。

《庆祝王储降生的晚餐》（局部，1729 年）
让—米歇尔·莫罗（Jean-Michel Moreau）

1770 年 5 月 16 日

玛丽—安托瓦内特和未来的路易十六的婚礼宴会

昂热—雅克 · 加布里埃尔（Ange-Jacques Gabriel）设计建造的凡尔赛城堡宫廷歌剧院同时揭幕。晚宴于晚上九点半开始，大约有二十来人，包括国王一家以及直系亲王们。廷臣们被允许待在化妆间和舞台的国王乐池里，自始至终陪伴着整场晚宴。花园里的照明和水上表演延续了室内的喜悦。

1771 年 9 月 2 日

杜巴利（du Barry）伯爵夫人为路易十五举行的宴会

为卢浮仙纳庄园揭幕举办——国王把这块土地送给了情妇。1769 年杜巴利伯爵夫人让人把庄园装饰成新古典主义风格。天花板是弗朗索瓦 · 布歇和让—奥诺雷 · 弗拉戈纳尔所画，此间还陈列了一套极精美的塞弗勒瓷餐具。

1782 年 1 月 21 日

巴黎市政府举办宴会

为庆祝路易十六和玛丽—安托瓦内特的王太子降生而举办。宴会的烟花表演为三十年后拿破仑与玛丽—路易丝的婚礼带来灵感。

《宫廷宴会》（局部，1782 年）
让—路易 · 德里尼翁（Jean-Louis Delignon）

1789 年 10 月 1 日
法国近卫军的宴会

在凡尔赛歌剧院的大厅里举行，由激动人心的军乐队伴奏。国王一家在欢呼声中绕场一周向宾客致意，随后退到套间内。大革命已经发动，10 月 6 日清晨，凡尔赛被占领。路易十六被迫常驻在巴黎的杜伊勒里宫。

1790 年 7 月 14 日
庆祝联盟

大革命期间的聚餐，目的是庆祝国家的统一和宾客们的友爱与团结一致。聚餐远离奢华的城堡，就在大街以及公共大厅举行。干杯、公民誓言和革命歌曲成为主流，在这段革命的宴会期间，“话语多过酒肉”。

1799 年 11 月 16 日
庆祝埃及回归的宴会

波拿巴和莫罗（Moreau）元帅在圣苏尔皮斯教堂举行。宴会期间，教堂临时更名为“胜利大殿”，用三色旗和军旗装饰。因为害怕下毒，拿破仑没有吃任何菜。

1810 年 4 月 2 日
拿破仑一世与玛丽·路易丝的婚礼宴会

按照旧制度仪典在杜伊勒里宫举行。餐桌上的皇家帆船和“镀金”餐具把马蹄形的餐桌以及穹顶、半圆形大厅和柱廊装饰得古色古香。这次大型宴会只持续了不到 20 分钟。

1820 年 1 月 6 日
路易十八在杜伊勒里宫举行的宴会

他亲自切肉并端菜上桌。

1825年5月29日
查理十世加冕宴会

波旁家族的最后一位法兰西国王。此次加冕是一次真正的政治示威，吸引了欧洲好几个国家的精英前来。仪式在兰斯T形（Tau）宫的大厅举行。菜肴装在专程从杜伊勒里运来的镀金平盘内端上来。

《加冕宴会》（1825年）
朗斯洛—泰奥多尔·图尔潘·德·克里斯（Lancelot-Théodore Turpin de Crissé）

1843年9月6日
厄森林里的午餐

在狩猎时，一场聚集了路易—菲利普、维多利亚王后和众多其他皇室宾客的大型宴会。一位仆人一直站在王后身边，在整场宴会期间为她打伞。

《维多利亚女王的田野午餐》（1843年）
斯凯尔顿（Skelton）

1847 年 7 月 9 日
发端宴会

宴会运动在蒙马特揭开序幕，第一次在红堡的大厅和花园里举行，聚集了1200 位宾客。1847 至 1848 年间，全法国共举办了 70 场宴会。集会自由的法律完全受到七月王朝的压制，反对派在这些盛宴中找到了绕过禁令的天才办法。

1847 年 7 月 18 日
马孔城举办的宴会

模仿红堡宴会的办法，阿尔封斯 · 德 · 拉马丁（Alphonse de Lamartine）一举成名。宴会聚集了 300 位客人，还有几千位专注的旁听者。政治与激情胜过巨型帐篷里供应的肉饼、火腿、奶酪和葡萄酒。这是一次真正的话语盛宴，期间拉马丁表达了他的政治思想。紧随马孔城之后，是勒德鲁—洛兰（Ledru-Rollin）在里尔的宴会，随后还有第戎、亚眠、鲁昂和索恩河畔沙隆的宴会。

N° 1087
GRAND BANQUET
DE LA PRESSE DÉMOCRATIQUE,
DONNÉ A PARIS, LE 29 OCTOBRE 1848, A 5 HEURES.
au Chateau Rouge
PRIX : 5 FRANCS.
Cette Carte est personnelle.
Délivrée au Citoyen
rue n°
L'UN DES COMMISSAIRES DÉLÉGUÉS, L'UN DES SECRÉTAIRES,

1848 年 10 月 29 日请柬

1848 年 2 月 22 日

宴会运动的最后一次宴会

应该是在巴黎第十二区举行。实际上，在荷枪实弹和民愤沸腾的巴黎未能举办。然而它还是作为导致七月王朝覆灭和拉马丁宣布第二共和国成立的事件铭刻在集体记忆中。宴会运动启发了沙皇尼古拉二世（Nicolas II）的反对者，他们发动了自己的宴会运动。1904 至 1905 年，俄罗斯的宴会运动导致了 1905 年的革命。

1853 年 4 月 2 日

巴黎市政厅举办的庆典

为祝贺拿破仑三世与欧仁妮·德·蒙蒂若（Eugénie de Montijo）的婚礼而举办。首先是由皇帝夫妇领舞的舞会，随后在节日长廊举办了盛大的冷餐会。

1855 年 8 月 18—27 日

维多利亚女王访问法国

万国博览会期间举办了好几场官方仪式，其中 8 月 23 日在装扮得富丽堂皇的巴黎市政厅举行了一场宴会。每一层甚至几乎每一个大厅都准备了大量的冷餐、鲜花和喷泉、浅口盆和水池，水面反射着华丽的服装和首饰。8 月 25 日，凡尔赛的歌剧院里举行了一次晚宴，根据客人的身份不同有三份菜单。

书目

À la table d'Eugénie: le service de la bouche dans les palais impériaux [exposition, musée national du Château de Compiègne, 3 octobre 2009-18 janvier 2010]. Paris: Éditions de la Réunion des musées nationaux, 2009.

Alert, Jean-Marc *Aux tables du pouvoir: des banquets grecs à l'Elysée.* Paris: A. Collin, 2009.

Benoit, *Marcelle Les Musiciens du roi de France:1661-1733.* Paris:P.U.F., 1982.

Bonneville, Françoise de *Rêves de blanc: la grande histoire du linge de maison.* Paris: Flammarion, 1993.

Broglie, Marie-Blanche de *À la table des rois: histoires et recettes de la cuisine française de François Ier à Napoléon III.* Paris: Le Pré aux Clercs, 1996.

Ennés, Pierre, Mabille, Gérard et Thiébaut, Philippe *Histoire de la table: les arts de la table des origines à nos jours.* Paris: Flammarion, 1994.

Festins de la Renaissance: cuisine et trésors de la table [exposition, Château royal de Blois, 7 juillet-21 octobre 2012]. Paris: Somogy; Blois: château royal de Blois, 2012.

Fêtes à l'hôtel de ville de Paris: 1804-1870 Bibliothèque administrative de la ville de Paris ; iconographie et textes réunis par Pierre Casselle. Paris: Agence culturelle de Paris, 1996.

Godfroy, Marion F., Dectot, Xavier et Bentham, John *À la table de l'histoire: recettes revisitées, des banquets antiques à aujourd'hui.* Paris: Flammarion, 2011.

Gourarier, Zeev *Arts et manières de table: en Occident, des origines à nos jours.* Thionville: G. Klopp, 1994.

Granjean, Serge et Brunet, Marcelle *Les Grands Services de Sèvres.* Catalogue d'exposition, Musée national de Céramique de Sèvres, 25 mai-29 juillet 1951. Paris: Éditions des Musées nationaux, 1951.

Guy, Christian *Histoire de la gastronomie en France.*

Paris: Nathan, 1985.

Jousselin, Roland *Au couvert du roi, XVIIe-XVIIIe siècle*. Paris: Christian, 1998.

Ketcham Wheaton, Barbara *L'Office et la bouche: histoire des mœurs de la table en France 1300-1789*. Paris: Calmann-Lévy, 1984.

Krikorian, Sandrine *Les Rois à table: iconographie, gastronomie et pratiques des repas officiels de Louis XIII à Louis XVI*. Aix-en-Provence: Presses universitaires de Provence, 2011.

La Forest Divonne, Marie de et Maillard, Isabelle *Festins de France*. Paris: Herscher, 1987.

Le Bivouac de Napoléon: luxe impérial en campagne [exposition, Ajaccio, Palais Fesch-Musée des Beaux-arts, 13 février-12 mai 2014]. Sous la direction de Jehanne Lazaj. Milan: Silvana ed. ; Ajaccio: Palais Fesch-Musée des Beaux-arts, 2014.

Leferme-Falguières, Frédérique *Les Courtisans: une société de spectacle sous l'Ancien Régime*. Paris: Presses universitaires de France, 2007.

Nisbet, Anne-Marie et Massena, Victor-André *L'Empire à table*. Paris: A. Biro, 1988.

Prinet, Marguerite *Le Damas de lin historié: du XVIe au XIXe siècle ouvrage de haute-lice*... Berne, Paris: Fondation Abegg- Bibliothèque des arts, 1982.

Queneau, Jacqueline et Fleurent, Christine *La Grande Histoire des arts de la table*. Genève [Paris]: Aubanel, 2006.

Rambourg, Patrick *À table... le menu! qui aligne autant de mets que de vers un sonnet*. Paris: H. Champion, 2013.

Tables royales et festins de cour en Europe, 1661-1789 Actes du colloque international, Palais des congrès, Versailles, 25-26 février 1994/[XIIIe Rencontres de l'École du Louvre]; publiés sous la direction de Catherine Arminjon, Béatrix Saule. Paris: La Documentation française, École du Louvre, 2005.

Verroust, Marie-Laure et Verroust, Jacques *Cuisines et cuisiniers*. Paris: La Martinière, 1999.

Versailles et les tables royales en Europe: XVIIe-XIXe siècle [exposition], Musée national des Châteaux de Versailles et de Trianon, 3 novembre 1993-27 février 1994.
Paris: Éditions de la Réunion des musées nationaux, 1993.

人名索引

插图版权说明

除非有专门说明，本书插图均来自法国国家图书馆的收藏，由法国国家图书馆制版。
来自法国国家图书馆的图片可访问images. bnf. fr和gallica. bnf. fr，在复制部reproduction@bnf. fr有售。

Biblioteca Nazionale Centrale, Florence / photo GAP : p. 79 (h et b)
Photo © BPK, Berlin, Dist. RMN-Grand Palais : p. 98 (Knud Petersen) ; p. 174-175 (image BStGS).
Coll. Particulière : p. 46.
Leemage: p. 8 (Luisa Ricciarini) ; p. 43 (Photo Josse).
Photo © RMN-Grand Palais : Couverture (musée du Louvre / Hervé Lewandowski) ;
p. 22-23 (Château de Versailles / Gérard Blot / Hervé Lewandowski) ;
p. 47 (Château de Fontainebleau / Gérard Blot) ; p. 86-87 (domaine de Compiègne / Jean-Gilles Berizzi) ;
p. 102-103 (musée du Louvre / Jean-Gilles Berizzi) ; p. 118 (musée du Louvre / Daniel Arnaudet) ;
p. 152 (Château de Versailles / Gérard Blot) ; p. 177 (musée du Louvre / Daniel Arnaudet) ;
p. 178 (domaine de Chantilly / René-Gabriel Ojéda).
Roger-Viollet : p. 38-39, p. 40-41 (© BHdV) ; p. 82 (Musée Carnavalet).

图书在版编目(CIP)数据

国王的餐桌/(法)弗雷德里克·芒弗兰,多米尼克·韦博,阿丽娜·康托著;张文英译.—北京:商务印书馆,2020
ISBN 978-7-100-18931-6

Ⅰ.①国… Ⅱ.①弗… ②多… ③阿… ④张… Ⅲ.①饮食—文化史—法国—15—18世纪 Ⅳ.①TS971.205.65

中国版本图书馆CIP数据核字(2020)第157762号

国王的餐桌

弗雷德里克·芒弗兰
〔法〕 多米尼克·韦博 著
阿丽娜·康托
张文英 译

商 务 印 书 馆 出 版
(北京王府井大街36号 邮政编码100710)
商 务 印 书 馆 发 行
北京雅昌艺术印刷有限公司印刷
ISBN 978-7-100-18931-6

2020年10月第1版 开本787×1092 1/16
2020年10月北京第1次印刷 印张14

定价:78.00元